Das Pferd im Blickpunkt der Wissenschaft

Konstanze Krüger

Xenophon Verlag

Gestaltung und Satz: Xenophon-Verlag e. K.
Bilder, Grafiken und Zeichnungen siehe Seite 82
Druck BOD, Norderstedt

ISBN 978-3-9808134-2-6

Inhaltsverzeichnis

Einleitung

Dieses Buch beinhaltet mehrere Aufsätze zum Sozialverhalten und den sensorischen sowie geistigen Fähigkeiten der Pferde. Sein Ziel ist es eine Brücke zwischen der aktuellen Forschung und der Anwendbarkeit für die Praxis zu schlagen. Die jeweiligen Aufsätze sind aus aktuellen Fragestellungen interessierter Pferdehalter und Journalisten entstanden und bereits in Fachjournalen erschienen. Hier sind sie nun aktualisiert und in sinnvoller Reihenfolge zusammengefasst.

Es ist uns wichtig nicht nur bei einer wissenschaftlichen Diskussion zu verweilen, sondern ganz gezielt die Anwendbarkeit für die Praxis darzustellen. Deswegen wird jedes Thema zunächst vorgestellt, die Forschungsergebnisse der letzten Jahre zusammengefasst, ihre Bedeutung für den Umgang mit dem Pferd und für das Training der Pferde diskutiert und schließlich ganz gezielte Tipps zur Umsetzung gegeben, sowie auf wissenschaftliche Quellen verwiesen.

Wir hoffen dass die Texte einfach Spaß beim Lesen bereiten, Neugier zu den Hintergründen vieler etablierter Methoden im Umgang und Training der Pferde stillen, Verständnis für die kleinen „Marotten“ Ihrer Pferde vermittelt und nützliche Hilfestellung bei aufkommenden Problemen bietet.

Das Sozialsystem der Pferde

„Know how“ für den täglichen Umgang

Dieses Kapitel steht zu Anfang des Buches und soll einen allgemeinen Einstieg in das Thema Sozialverhalten der Pferde bieten. Einige Themen werden hier nur kurz angeschnitten und in den späteren Kapiteln vertieft. An geeigneter Stelle werde ich darauf hinweisen.

So manch einer von Ihnen wird nun denken das Sozialsystem der Pferde sei ein alter Hut und wohl kaum lohnend schon wieder darüber zu schreiben. Erstaunlicher Weise ist es aber ganz und gar nicht so. Die Erforschung des Soziallebens der Tiere ist nach wie vor in der Biologie ein brandheißes Eisen, und man ist immer wieder erstaunt, was alles noch nicht bekannt ist. Unser Wissen über das Sozialsystem der Pferde ist von Vermutungen geprägt. Gerade deswegen ist es sehr wichtig diese kritisch zu hinterfragen, und tatsächlich ergeben sich in der Forschung ständig neue Aspekte, welche alte Anschauungen zum Teil bestätigen oder aber revolutionieren.

Gruppenstruktur der Pferde

Tatsächlich wissen wir schon seit Langem, dass Pferde in der Natur in relativ stabilen, sozial Verbänden leben. Meist schließen sie sich zu Harems, von manchen Autoren auch Familien-Gruppen oder Banden genannt, zusammen, welche aus

1 bis 5 Hengsten, mehreren Stuten und deren Nachzucht aufgebaut sind. Überschüssige Hengste sammeln sich in sogenannten Junggesellen-Gruppen. Ob sich mehrere dieser Gruppen zu stabilen Herden mit einem festen Bestand an Untergruppen zusammenschließen, oder lieber als „Populationen", welche gemeinsame Ressourcen nutzen und dabei auch eine hierarchische Gliederung unter den Gruppen aufweisen, bezeichnet werden sollen ist neuerdings wieder in Diskussion.

Stabilität der Gruppen Pferdeartiger

Große Uneinigkeit herrscht in der Bestimmung der Stabilität der Gruppen. Manche Autoren sprechen von absolut stabilen sozialen Verbänden, in welchen die Gruppenmitglieder zeitlebens zusammenbleiben und diese in einer stabilen Hierarchie eingebunden sind, andere zweifeln dies eher an. Nun, im Vergleich zu anderen Pferdeartigen (Equiden), wie zum Beispiel dem Grevy Zebra und dem afrikanischen, sowie dem asiatischen Wildesel, sind die Gruppen der Pferde tatsächlich recht stabil. Denn Grevy Zebras und Wildesel kommen nur zur Nutzung der Ressourcen (wie etwa Wasser und Futter) gelegentlich zu größeren Gruppen zusammen und trennen sich anschließend wieder. Bei diesen Equiden kontrollieren einzelne Hengste ein Territorium mit definierten territorialen Grenzen, meist rund um einen Wasserstelle. Dort halten sich Stuten einzeln mit ihren Fohlen auf, für welche die Territorial-Hengste die Paarungsrechte beanspruchen.

Grevy Zebra

Wie stabil sind Pferdegruppen wirklich?

Nun, worauf ich hinauswollte, ist die Tatsache, dass viele Wissenschaftler heute die Gruppenstruktur der Pferde gar nicht mehr als so stabil sehen. Es ist wohl unbestreitbar, dass Pferde Gruppen vergleichsweise stabile Kerngruppen aufweisen. Doch schaut man genauer hin, so offenbart sich rund um diese Kerngruppen ein verblüffendes Maß an Fluktuation. So wandern zum Beispiel so gut wie alle Jungpferde im Alter zwischen 3 – 5 Jahren von ihrer Geburtsgruppe ab und suchen sich neue soziale Bande. Junggesellengruppen sind so gut wie immer instabil, genauso wie große Gruppen mit mehreren Hengsten. Aber auch in den als so stabil bezeichneten Harems lösen sich immer wieder Stuten aus der Gruppe, bleiben manchmal bei andern Gruppen oder kehren nach einiger Zeit wieder zurück.

Kulan (asiatischer Wildes

Praktische Aspekte aus der Gruppenstabilität

Was soll nun aber die ganze Diskussion über die Stabilität der Gruppen? Was bringt das dem Pferde Besitzer?

- **Pferde sind sehr sozial und suchen Anschluss. Wenn kein anderes Pferd greifbar ist schließen sie sich auch gerne dem Menschen an.**
- **Pferde wechseln ihre sozialen Gruppen mit Leichtigkeit (zum Beispiel im Gegensatz zum Hund oder zu Gänsen welche feste soziale Banden fürs Leben aufrechterhalten). Das macht es einerseits leicht Pferde in einen neuen Stall umzuquartieren und an neue Pferde zu gewöhnen.**
- **Anderseits stellen sich Pferde auch schnell auf neue Menschen ein und generalisieren was sie von, oder über einen Menschen gelernt haben, auf alle Menschen. Pferde sind schlichtweg große „Generalisierer". Das hat weitreichende Folgen:**
    1. **Positiv: Pferde generalisieren im Training Erlerntes von ihren Ausbildern auf alle Menschen. Tag täglich erfahren wir dies bei jungen Pferden, welche zunächst durch einen bestimmten Reiter eingeritten werden und dann ganz allmählich feststellen, dass alle Reiter ähnliches von ihnen fordern.**

2. Negativ: unangenehme Erfahrungen werden ebenfalls generalisiert. Hierbei schließen Pferde von einer Situation auf die Andere aber auch von einem Menschen auf andere Menschen. Deshalb sitzen erste Erfahrungen tief. Wir können uns glücklich schätzen, wenn unsere Pferde in ihren ersten Lebensjahren ausschließlich positive Erfahrungen mit Menschen und ihrer Lebensaufgabe als Reit- oder Fahrpferd gemacht haben. Doch leider ist das selten der Fall und schlechte Erfahrungen schleppen sie dann ein Leben lang mit. Man kann sie zwar durch gezielte Gewöhnung und Training abschwächen, aber in Krisensituationen brechen sie immer wieder durch.

Literatur zum Thema Gruppenstruktur der Equiden:

Berger J (1986) Wild horses of the Great Basin. Chicago.

Moehlman PD (2005) Endangered wild equids. Sci Am 292, 74–81

Tyler SJ (1972) The behaviour and social organisation of the new Forest ponies. Anim Behav Monogr 5, 85–196

Gründe für die Bildung sozialer Gruppen?

Liest man sich nun durch die Aufzeichnungen über verschiedenste soziale Tierspezies wie zum Beispiel Elefanten, Delfine, Mehrkatzen, Gänse und viele andere, so findet man große Ähnlichkeiten zum Sozialsystem der Pferde. Ein grundsätzlicher Unterschied scheint jedoch der Grund zu sein, aus dem soziale Tiere zusammenleben. Viele soziale Tiere sind Fleischfresser. Sie jagen zusammen, ziehen zusammen ihre Jungtiere auf und verteidigen sich zusammen gegen Raubtiere. Nun, all dies tun Pferde nur ganz bedingt. Warum bleiben sie aber dennoch zusammen? Denn das Leben in Gruppen bedeutet auch, dass man Futter, Wasser, Wetterschutz und Paarungspartner miteinander teilt.

Konfliktquelle Gruppenleben

Es ist also nicht nur angenehm „sozial" zu sein. Zahlreiche Konflikte entstehen, und auch beim Pferd braucht es deshalb für den Fortbestand der Gruppe in Konfliktsituationen Konfliktlösungsstrategien. In Kapitel 2 zur Eingliederung der Pferde in neue Gruppen, werde ich ansprechen in wiefern sich die Forschung mit diesem Thema beschäftigt. Scheinbar gibt es mehr oder weniger sozial geschickte Pferde. Manche übernehmen sogar regelrechte Streitschlichter- und Vermittlerfunktionen. Interessanterweise laufen solche Streitschlichteraktionen bei vielen Säugetieren ganz ähnlich ab. Tiere gehen zwischen kämpfende Opponenten, verbannen zum Teil den Unruhestifter aus der Gruppe und erlauben diesem sich erst wieder zu integrieren, wenn er Ruhe gibt. Genau dieser Thematik beim Pferd hat sich eine Arbeitsgruppe der Universität Pisa, der Universität Lissabon, eine meiner Mitarbeiterinnen sowie andere Wissenschaftler angenommen. Hiervon erwarten wir in den nächsten Jahren eine Flut überaus interessanter Informationen.

Die Gruppe als Sicherheitsfaktor

Zu den Gründen warum sich Pferd überhaupt in Gruppen zusammenschließen möchte ich noch ein paar Zeilen schreiben, obwohl dies alles noch nicht eindeutig belegt ist. Aber soziale Gruppen geben natürlich immer ein gewisses Maß an Sicherheit. Pferde können zusammen flüchten, davon profitieren, dass Gruppenmitglieder Raubtiere früher entdecken, schlafen, während Andere wachen und gemeinsam neue Wasser oder Futterquellen suchen. Zusätzlich können sie miteinander Körperpflege betreiben, sich die Fliegen wegwedeln und sich gegenseitig wärmen.

Praktische Aspekte aus der Gruppenbildung.

Warum ist es interessant, sich Gedanken über die Gruppenbildung zu machen? Wir erhoffen uns hieraus Hinweise, warum das Pferd sich dem Menschen bereitwillig anschließt, und welche Funktion der Mensch in diesem Sozialgefüge übernimmt.

- **Der Mensch kann dem Pferd Sicherheit vermitteln. Er kann in schwierigen Situationen ruhig und bestimmt auftreten und dem Pferd somit die Unterstützung durch die Gruppe ersetzen.**
- **Der Mensch als Futterbereiter: Hierbei sollte man prinzipiell unter der Gabe von Leckerlis und dem Vorlegen von Futter und Wasser unterscheiden. Die Gabe von Leckerlis wird von vielen Trainern als problematisch angesehen. Und sie haben nicht ganz Unrecht, denn eine Belohnung positiven Verhaltens mit Futter ist dem Pferd in der Natur fremd. Jedoch können sie sich auch einmal um besondere Leckerbissen streiten. Somit kreiert man mit der Gabe von Leckerlis eher eine Konfliktsituation. Die starken Persönlichkeiten unter uns Pferdemenschen können damit ganz gut umgehen, doch für Anfänger oder im Umgang Ungeübte kann es auch mal gefährlich werden, wenn dominante Pferde ihre Belohnungen „einfordern“. Auf der anderen Seite teilen Pferde ihre Fressbereiche miteinander. Zusammen fressen hat also auch etwas Positives. Nach meinem Erachten ist es jedoch geschickter anstatt mit Leckerlis zu arbeiten sein Pferd selber zu füttern und zu tränken. Ich selber arbeite so gut wie nie mit Futter, mit ganz wenigen Ausnahmen. Bei besonders ängstlichen Pferden kann ich es nicht ganz abstreiten, dass Futterbelohnungen einen positiven Aspekt in kritische Situationen bringen können. So hatten wir zum Beispiel ein ängstliches rangniedriges Pony mit extremem Sattelzwang, welches sich mit Futter ganz gut vom unangenehmen Satteln ablenken ließ. Auf der anderen Seite hatten wir aber auch schon sehr dominante Pferde, welche ganz massiv und aggressiv versuchten den eigenen Zeitpunkt der „Belohnung“ zu bestimmen.**

- Der Mensch kann sich an der sozialen Körperpflege beteiligen. Für viele Aspekte ist es ganz wichtig, dass man vor der Arbeit sein Pferd selber putzt. Zum einen haben wir gestressten Büromenschen erst einmal Anlass das Telefon aus der Hand zu legen und uns mit dem Pferd zu beschäftigen, zum anderen ist es natürlich sowohl eine körperliche als auch eine geistige Wohltat für das Pferd. Man säubert und massiert das Pferd nicht nur vor der Anstrengung. Man freundet sich auch ganz gezielt mit ihm an. Denn gegenseitiges Putzen, sprich Beknabbern, hat im sozialen Miteinander der Pferde einen hohen Stellenwert und nur Pferde welche sich besonders gerne mögen, beknabbern sich gegenseitig.
- Menschen können Streitschlichter und Vermittlerfunktionen übernehmen. Ängstliche Pferde werden in der Gegenwart von „starken" Menschen mutig. Plötzlich trauen sie sich neben Pferden zu stehen, vor denen sie sich zuvor gefürchtet haben. Das ist auch unbedingt notwendig, denn im Reiteralltag zwingen wir unsere Pferde ständig nahe an anderen Pferden vorbeizugehen, ob sie das von ihrer sozialen Stellung her dürften oder nicht. Ein konsequenter, bestimmender jedoch gütiger Reiter kann seinem Pferd die Information vermitteln, dass es sich unter dem Reiter, oder beim Führen nicht mehr vor anderen fürchten muss. So sieht man zum Beispiel in Anfänger Reitstunden oft das genaue Gegenteil. Unter ängstlichen, inkonsequenten Reitern werden Pferde auch ängstlich. Fürchten sich dann vor anderen Pferden und fangen im schlimmsten Falle an sich unter dem Reiter mit anderen Pferden zu schlagen, sei es als Verteidigung oder aus dem Drang heraus die Rangfolge zu bestärken.
- Pferde sind offen für Konfliktlösungen. Wenn Sie Ihrem Pferd freundlich aber bestimmt vermitteln, dass es gerade unerwünschtes Verhalten gezeigt hat, und geben Sie ihm adäquate Möglichkeiten sein Fehlverhalten zu ändern, so tun Pferde dies bereitwillig und nach mehrfacher Verstärkung dauerhaft.

Literatur zum Thema Gruppenbildung:

Krueger K (2008) Social Ecology of Horses. Ecology of Social Evolution. pp 195–206. doi: 10.1007/978-3-540-75957-7_9

Linklater WL (2000) Adaptive explanation in socio-ecology: lessons from the Equidae. Biol Rev Camb Philos Soc 75, 1–20. doi: 10.1111/j.1469-185X.1999.tb00039.x

Soziale Rangfolgen in Pferdegruppen

Wie bereits angesprochen sind Pferdegruppen streng hierarchisch aufgebaut. Rangfolgen in Junggesellengruppen sind meist linear, für die meisten Harems trifft dies ebenfalls zu, jedoch finden wir hier öfters auch Dreiecksbeziehungen. Die Haremshengste selber nehmen eine Sonderrolle ein. Sie halten sich aus sozialen Dingen meist heraus, sind meist ranghoch, aber werden im täglichen „Gruppenleben" öfters von Stuten dominiert. Droht jedoch Gefahr, so treiben diese ihre Herden zusammen und alles hört auf ihr Kommando. So gibt es Hengste, welche in der Gruppe nicht den höchsten Rang bekleiden, ihre Gruppen aber dennoch zusammen- und forttreiben können.

Spiegelt der Level der Aggressivität den sozialen Rang?

Zum Thema Hierarchien gehören natürlich auch die aggressiven Verhaltensweisen. Dieses zu diskutieren liegt mir ganz besonders am Herzen, denn häufig hört und liest man hier Missverständliches, welche das Zusammenleben zwischen Mensch und Pferd ganz eminent beeinflussen. Der wichtigste Diskussionspunkt ist, glaube ich, dass der Level an aggressivem Verhalten nur bedingt ein Maß für die Ranghöhe ist. Es ist schon richtig, dass ranghöhere Pferde meist mehr Aggressionen gegen ihre „Untergebenen" richten. Um so mehr rangniederer Pferde in der Gruppe vorhanden sind, um so mehr aggressives Verhalten wird man beobachten können. Umgekehrt erkennt man die rangniedrigsten Pferde schnell daran, dass sie so gut wie nie aggressiv zu ihren Gruppenmitgliedern sind. Jedoch finden wir in den Gruppen immer wieder Tiere, welche ein besonders hohes Maß an Aggressionen zeigen, das in keinem Verhältnis zu ihrem Rang steht. Diese Tiere sind jedoch meist im Gleichen Maße „auf der Flucht" vor Gruppenmitgliedern, wie sie diese angreifen.

Kulante Herdenchefs / innen

Besonders interessant ist jedoch die Tatsache, dass gerade die ranghöchsten Pferde oft wenig aggressives Verhalten zeigen. Starke „Gruppenoberhäupter" sind einfach souverän. Sie brauchen um ihre Position nicht zu fürchten. Es würde sie sowundso niemand ernsthaft in Frage stellen. Deshalb fressen sie zusammen mit Rangniederen und erlauben diesen sogar ein hohes Maß an Fehlverhalten. Werden sie einmal von einem rangniedrigen Pferd bedroht, so brauchen sie dies nicht gleich ernst zu nehmen. Hören diese Drohungen dann aber nicht auf, so gibt es schon mal eine saftige Strafe für den Unruhestifter.

Praktische Aspekte aus der Rangordnung der Pferde

Wie schon angesprochen finde ich die Konsequenzen welche sich aus der Rangordnung der Pferde ergeben als besonders wichtig für den täglichen Umgang mit dem Pferd.

- Um sich vom Pferde Respekt und Gehör zu verschaffen sollte man sehr bestimmt und konsequent auftreten.
- Pferde müssen dem Menschen nicht gleichgestellt sein, um sich wohlzufühlen. Ganz im Gegenteil, denn Pferde sind eine klar strukturierte Rangfolge gewohnt. Sie haben also die Wahl, entweder möchten Sie gerne rangniedriger als Ihr Pferd sein, welches leider für Menschen recht gefährlich werden könnte, da das Pferd mit seinen 500 kg Lebendmasse uns ganz ungewollt gehörigen Schaden zufügen kann, oder Sie übernehmen die Führung.
- Ein gesundes Maß an Autorität aber auch Kulanz ist wichtig für einen gerechten Umgang. Man braucht nicht überzogen aggressiv oder streng zu sein und jedes kleine Fehlverhalten direkt zu strafen. Damit schießt man manchmal über sein Ziel hinaus und macht die Pferde nur ängstlich. Sie

manifestieren sich damit auch nicht als „Führungspersönlichkeit", denn Pferde sind eine kulante Herdenführung, aber oft mittelrangige, recht aggressive Herdenmitglieder, gewohnt. Sollten sich kleine Drohungen des Pferdes, oder Missachtung der Signale und Hilfen jedoch wiederholen oder gar verstärken so ist zunächst eine sanfte Ermahnung und dann eventuell eine Strafe angesagt. Dies entspricht genau den Forderungen der alten Reitlehren und der Richtlinien der FN in denen eine konsequente Einhaltung der Reihenfolge leichte Hilfe, Aufforderung, Korrektur (um das unbeliebte Wort Strafe zu vermeiden) verlangt wird. Die Konsequenz in der Einhaltung dieser Reihenfolge vermittelt dem Pferd Zuverlässigkeit. Es weiß wo es dran ist und was es zu erwarten hat. Umgekehrt schürt nichts mehr Ängste und Aggressionen als Ungewissheit.

Literatur zum Thema Rangordnungen:

Heitor F, do Mar Oom M, Vicente L (2006) Social relationships in a herd of Sorraia horses Part I. Correlates of social dominance and contexts of aggression. Behav Process 73, 170–177.
doi: 10.1016/j.beproc.2006.05.004

Heitor F, do Mar Oom M, Vicente L (2006) Social relationships in a herd of Sorraia horses: Part II. Factors affecting affiliative relationships and sexual behaviours. Behav Process 73, 231–239. doi: 10.1016/j.beproc.2006.05.005

Houpt KA, Law K, Martinisi V (1978) Dominance hierarchies in domestic horses. Appl Animal Ethol 4, 273–283.
doi: 10.1016/0304-3762(78)90117-7

Krueger K (2008) Social Ecology of Horses. Ecology of Social Evolution. pp 195–206. doi: 10.1007/978-3-540-75957-7_9

Linklater WL (2000) Adaptive explanation in socio-ecology: lessons from the Equidae. Biol Rev Camb Philos Soc 75, 1–20.
doi: 10.1111/j.1469-185X.1999.tb00039.x

Soziale und individuelle Erkennung

In der Diskussion um die sozialen Strukturen der Pferde sollte das Thema der sozialen und der individuellen Erkennung nicht außen vor bleiben. Natürlich werden sie sagen, erkennt das Pferd seine Herdenmitglieder. Obwohl dies schon lange von den meisten „Pferdemenschen" als gegeben vorausgesetzt wird, gibt es tatsächlich hierfür keine experimentellen Beweise. Ist das nun wirklich so? Weiß das Pferd ,wer zu seiner Gruppe gehört? Weiß es in welcher Rangposition es steht, oder probiert er dies täglich neu aus? Woran und wie erkennt es andere Pferde? Und wie viele Pferde kann es sich individuell merken, sind es 10, 20, 100 oder sogar 200? All diese Fragen beschäftigen tatsächlich die Biologen heute. Besonders ausführlich werde ich auf dieses Thema noch in Kapitel 3 „Erkennung von Artgenossen und Menschen" eingehen.

Soziale Erkennung

Vor Kurzem ist es uns nun gelungen darzustellen, dass Pferde sich in ihren Gruppen hervorragend auskennen. Es hat uns brennend interessiert, ob Pferde, wenn sie andere Pferde im Training beobachten deren Verhalten kopieren würden. Im Absatz „soziales Lernen", weiter unten, werde ich auf dien Versuch noch näher eingehen. Hier möchte ich vorerst einmal auf die soziale Erkennung eingehen. Denn dieser Versuch zeigt uns ganz klar, dass Pferde tatsächlich das Verhalten von ranghohen Gruppenmitgliedern kopiert, aber nicht das von rangniedrigen Gruppenmitgliedern oder von Pferden aus fremden Gruppen. Die ersten Fragen sind somit also beantwortet. Ja, Pferde wissen wer zu ihrer Gruppe gehört, sie wissen genau in welcher Rangposition sie sich befinden und sie können demnach auch die Gruppenmitglieder individuell erkennen, denn sonst hätten sie die Gruppenzugehörigkeit und die Rangposition nicht abklären können.

Woran erkennen sich Pferde?

Dass Pferde sich am Aussehen erkennen, wurde lange vermutet und nun in mehreren Untersuchungen dargestellt. Wie sieht es aber mit der Erkennung über das Gehör aus? Es könnte doch ganz sinnvoll sein auch über größere Distanzen akustisch miteinander kommunizieren zu können. Und tatsächlich zeigen ganz neue Ergebnisse einer Arbeitsgruppe in England, dass Pferde das Wiehern ihrer Artgenossen auseinanderhalten können.
Kommen wir zum Geruch. Vielen von Ihnen mag schon aufgefallen sein, dass sich Pferde untereinander und auch die Kothaufen von anderen Pferden beschnüffeln.

Deshalb geht man davon aus, dass der Geruch für die individuelle Erkennung für das Pferd eine ebenso große Rolle spielt wie für viele andere Säugetiere. Verhaltens Experimente haben bewiesen, dass Hengste Kothaufen je nach Geschlecht des Produzenten ganz unterschiedlich lang beschnüffeln. Unserer Arbeitsgruppe ist es nun gelungen darzustellen, dass Stuten und Wallache dies ebenfalls tun und zusätzlich die Kothaufen der Mitglieder ihrer Gruppe denselben zuordnen können. Sie investieren mehr Zeit in das Beschnüffeln von Kothaufen der Pferde, welche ihnen gegenüber besonders aggressiv sind, sprich: Die investierte Schnüffelzeit ist direkt proportional zum erhaltenen Level an Aggressionen. Welche Geruchsstoffe genau jetzt aber eine Rolle in der Erkennung spielen ist noch weitgehend unbekannt. Da steht der Wissenschaft noch ein Berg Arbeit bevor, um nach der Nadel im Heuhaufen zu suchen. Immerhin macht die Forschung bei anderen Säugetieren auf dem Bereich der Geruchswahrnehmung riesige Sprünge, sodass Hoffnung auf baldigen Erfolg besteht.

Praktische Aspekte der sozialen und individuellen Erkennung der Pferde

Aspekte welche sich aus der sozialen und individuellen Erkennung ergeben betreffen hauptsächlich die Haltung und das Miteinander der Pferde.

- **Pferde, welche in der Gruppe gehalten werden haben ihre festen Merkmale an denen sie andere erkennen. Folglich muss man Vorsicht walten lassen nicht durch Veränderungen des Äußeren die Erkennung zu behindern und neue Rangordnungskämpfe auszulösen. Zum Beispiel habe ich selber einmal ein Pferd mit einer grell bunten Abschwitzdecke in eine Gruppe gestellt welche keine eingedeckten Pferde kannte. Das arme Tier wurde daraufhin wie ein völlig fremdes Pferd eine Stunde gejagt. Vorsicht sollte man ebenfalls mit allen Mittelchen walten lassen, welche den Geruch der Pferde verändern, sei es Fliegenspray oder Knoblauchfutter.**
- **Es ist jedoch erstaunlich, wie schnell sich Pferde an neue Gegebenheiten anpassen können, denn für Gruppen in denen mehrere eingedeckte Pferde stehen bereitet dies überhaupt keine Probleme. Auch an fremde Gerüche gewöhnen sie sich schnell. Es bewährt sich jedoch, bei bekannten Dingen zu bleiben. Laufen alle Pferde mit Decken in gedeckten Farben herum, kann ich Ihnen nur empfehlen, dies auch so zu halten. Genauso steht es mit fremden Gerüchen. Ändern Sie sie langsam, dann haben die „Kumpels" Ihres Pferdes genug Zeit sich daran zu gewöhnen.**

Literatur zum Thema soziale und individuelle Erkennung:

Feh C (2005) Relationships and Communication in Socially Natural Horse Herds. In: Mills DS, McDonnell S. M. (eds) The domestic horse : the origins, development, and management of its behaviour. Cambridge University Press 2005, Cambridge.

Feist JD, McCullough DR (1976) Behavior patterns and communication in feral horses. Z Tierpsychol 41, 337–371. doi:10.1111/j.1439-0310.1976.tb00947.x

Soziales Lernen

Kommen wir noch einmal auf den Versuch zurück bei dem Pferde das Verhalten ihrer ranghohen Gruppenmitglieder kopiert haben, aber nicht das der rangniedrigen und der Pferde von anderen Gruppen. Hierfür haben wir mit einem Demonstrationspferd im Roundpen gearbeitet, bis es der Versuchsperson nachläuft, und haben dann untersucht, ob das Zuschauerpferd sein Verhalten vom vorherigen „Nicht-Nachfolgen“ auf anstandsloses “Nachfolgen“ ändern würde. Wie schon angesprochen haben sie das in Relation zum Rang und dem Bekanntheitsgrad des Pferdes tatsächlich gemacht.
Warum ist das so wichtig? Nun, da das Pferd ein hochgradig soziales Tier ist vermutet man schon lange, dass es durch Zuschauen von anderen Pferden lernt. Nur leider ist es in den letzten 30 Jahren nicht gelungen, dies experimentell darzustellen. Wahrscheinlich lernen auch nicht alle Pferde von Anderen, und auch nicht in allen Situationen. Man geht in der Biologie und der Psychologie davon aus, dass die Wahl zwischen individuellem und sozialem Lernen persönlichkeits- aber auch situationsgebunden ist. Seit Jahren versuchen Forscher nun genauer abzuklären welche Faktoren denn nun besonders wichtig für Pferde sind, sich für eine bestimmte Lernstrategie zu entscheiden. Sind es die Rangverhältnisse? Der soziale Bekanntheitsgrad? Die Persönlichkeit der Tiere? Die Lernsituation? Das Alter der Pferde?
All diesen Fragen haben wir uns nun schon etwas angenähert, aber die Versuche in der Zukunft werden erst zeigen, ob wir den richtigen Weg eingeschlagen haben.

Praktische Aspekte der Lernstrategie-Wahl

Von den Ergebnissen, dass Pferd tatsächlich das Verhalten gut bekannter ranghoher Pferde kopieren, lässt sich schon so einiges für die Praxis ableiten:

- **Für die „alten" Reitmeister, Militärausbilder oder heute den Polizeipferdeausbildern, sowie den versierten Fahrern ist es eine Binsenweisheit für das Antrainieren eines jungen Pferdes (Remonte) einen erfahrenen, älteren Stallgenossen mit einzuspannen. Im Zusammenhang mit unseren Versuchen macht das wirklich Sinn, denn alte Pferde stehen in der Regel viel höher im Rang. Wenn sie dem jungen Pferd auch noch gut bekannt sind, ist das schon einmal eine gute Paarung, damit die Jungpferde von den Älteren lernen.**
- **Viele Ausbilder wissen recht gut welches ihrer Pferde „Führungspersönlichkeit" hat. Das sind häufig die älteren, gut ausgebildeten, ruhigen aber selbstbewussten Pferde mit viel „Lebenserfahrung". Wenn Sie zusätzlich noch die Möglichkeit haben ihre Pferde auf der Weide oder in der Gruppenhaltung zu beobachten, dann kristallisiert sich sehr schnell heraus, welche Pferde sich immer durchsetzen und, an welchen sich die Gruppe orientiert.**
- **Wählen Sie solche Leittiere, um Ihre Jungpferde zu schulen! Zum Beispiel beim gemeinsamen Ausritt, bei den ersten Runden in der Halle, in einer neuen Umgebung, beim Einfahren oder bei den ersten Sprüngen über Hindernisse ist es sehr hilfreich ein erfahrenes Pferd voneweg, bzw. daneben, gehen zu lassen. Es mag schon sein, dass das junge Pferd erst einmal am Älteren „klebt", doch das gibt sich mit wachsender Selbstsicherheit des jungen Pferdes meist ganz von alleine.**
- **Auch für die Gewöhnung an neue Lebensumstände, an einen neuen Stall, eine neue Gruppe, oder bei der Umstellung von Boxen auf Laufstallhaltung kann man älterer Pferde als „Bewährungshelfer" einsetzen. Gewöhnen Sie Ihr Pferd zuerst an ein älteres erfahrenes Pferd des neuen Umfelds und lassen Sie Ihr Pferd die neuen Erfahrungen gemeinsam mit diesem teilen. Sie werden sehen die Umstellung geht viel schneller und harmonischer vonstatten.**

Literatur zum Thema Lernverhalten:

Krueger K, Flauger B (2008) Social feeding decisions in horses (Equus caballus). Behav Process 78, 76–83. doi: 10.1016/j.beproc.2008.01.009

Krueger K, Heinze J (2008) Horse sense: social status of horses (Equus caballus) affects their likelihood of copying other horses` behavior. Anim Cogn 11, 431–439. doi: 10.1007/s10071-007-0133-0

Murphy J, Arkins S (2007) Equine learning behaviour. Behav Process 76, 1–13. doi: 10.1016/j.beproc.2006.06.009

Nicol CJ (2002) Equine learning: progress and suggestions for future research. Appl Anim Behav Sci 78, 193–208. doi: 10.1016/S0168-1591(02)00093-X

Mein Pferd zieht um:

oder, wie integriere ich mein Pferd in eine neue Gruppe

Immer mehr Pferdebesitzer bieten heute ihren Lieblingen einen Auslauf oder eine Haltung in der Gruppe. Pferde sind äußerst soziale Tiere und sollten niemals alleine gehalten werden. Seit geraumer Zeit verstößt die Einzelhaltung sogar gegen das Tierschutzgesetz. Doch wie viel Sozialkontakt braucht mein Pferd? Reicht es, wenn es zusammen mit anderen Pferden in einem Boxen Stall gehalten wird, oder es über den Zaun hinweg mit anderen Pferden Kontakt aufnehmen kann? Nun, nach dem Tierschutzgesetz schon. Aber viele Pferde-Liebhaber, -Fachleute und Forscher sind sich einig, dass Pferde mehr Sozialkontakt brauchen. Am wohlsten fühlen sich Pferde in einer langjährig, stabilen Gruppe, welche täglichen Auslauf oder Gruppen Haltung genießt.

Eingliederungen: Ziel universitärer Studien

Wie man Eingliederungen verbessern kann und welches die besten Eingliederungsstrategien sind, sowie die individuellen Problemlösungsstrategien der Pferde selbst, sind das Thema der Doktorarbeit meiner Mitarbeiterin Birgit Flauger und einer universitätsübergreifenden Studie in den nordischen Ländern. Auf den folgenden Seiten möchte ich Ihnen einen Einblick in die ersten Ergebnisse dieser Arbeiten geben. Ich möchte versuchen einen Überblick über die Möglichkeiten der Eingliederungen zu geben und Erfahrungen zur „Problemvermeidung“ vermitteln.

Der „Umzug“ wirft reichlich Fragen auf.

In der Tat wirft die Gruppenhaltung eine ganze Menge Fragen auf: „Welches ist denn eine geeignete Gruppe, oder welches der geeignete Auslauf für mein Pferd? Wie gefährlich ist es, ein Pferd in einer Gruppe zu halten? Wie integriere ich mein Pferd am besten in eine Gruppe? Kann ich Vorsichtsmaßnahmen für eventuelle Verletzungen treffen? Gibt es Dinge in der Haltung, welche ich berücksichtigen kann? Sind bestimmte Gruppierungen (nach Geschlecht, Alter oder Sonstigem) wichtig?“ werden Sie fragen. Und genau diese Fragen stellen sich immer wieder all denen, die sich ganz bewusst für eine gesunde Gruppenhaltung entschieden haben, seien es nun Züchter, Stall- oder Pferdebesitzer.

Unsere Pferde: die Eingliederungs-Spezialisten

Vorab nun erst einmal eine gute Botschaft: Unsere Hauspferde sind in sozialen Dingen unglaublich geschickt und vertragen sich in der Regel hervorragend untereinander! Denn seit Jahrhunderten hat der Mensch bewusst oder unbewusst Pferde gezielt auf soziale Verträglichkeit gezüchtet. Zu Zeiten, als man sich ein Pferd an einer Poststation auslieh und an der anderen wieder abgab, und diese dort eventuell nur gemeinsam auf eine große Wiese gestellt wurden, konnte mit aggressiven, unverträglichen Pferden nicht viel Federlesens getrieben werden. Man konnte es sich gar nicht leisten, dass einem irgendein „Spinner" die ganzen Pferde aufgearbeitet hat. Oder denken Sie zum Beispiel an Hengste, die im Gespann zu viert oder sogar zu sechst vor der Kutsche gehen! Wenn es hier zu Streitigkeiten kommt, dann ist das für die Insassen der Kutsche lebensgefährlich. Also wurde mit besonders aggressiven Pferden einfach nicht weitergezüchtet. Eine Ausnahme mag die Rennpferde Zucht sein, denn hier ist ein bisschen Aggressivität immer schon ganz förderlich für den Kampfgeist im Rennen gewesen. Aber auch dies durfte nicht so weit gehen, dass es unmöglich wurde, diese Pferde zu reiten.

Ein Vergleich zum Wildpferd

Wenn wir mal über den Zaun zu den wilden Kollegen unserer Hauspferde, den Przewalski Pferden, schauen, sieht das mit der sozialen Verträglichkeit ganz anders aus. Leider wissen wir über das ursprüngliche Verhalten der Przewalski Pferde so gut wie gar nichts, denn seit Mitte des letzten Jahrhunderts galt das Przewalski Pferd in freier Wildbahn als ausgerottet. Und vor dieser Zeit war es noch nicht so sehr „on vogue" sich in die breite Prärie zu stellen und das Verhalten der Tiere in ihrem natürlichen Umfeld zu erforschen. Es gibt also keine Überlieferungen über das ursprüngliche Verhalten. Und es ist auch nur all zu wahrscheinlich, das auch in den Zoos nicht mit den aggressivsten Tieren weiter gezüchtet werden konnte. Denn zum Glück haben 56 Przewalski Pferde in europäischen Zoos den Zweiten Weltkrieg überlebt. Mit den noch 11 zuchtfähigen Tieren wurde wieder neu begonnen, eine Population aufzubauen. Und das ist auch gut gelungen, denn heute leben bereits wieder einige tausend Tiere in Zoos weltweit, und etwa 300 – 400 Tiere in Auswilderungs-Projekten in der Mongolei und in Kasachstan. Von dem was wir bei diesen nach gezüchteten Przewalski Pferden beobachten, lässt sich recht gut auf das ursprüngliche Verhalten schließen. Eines ist zumindest klar: In Rangordnungskämpfen und bei Integrationen von fremden Pferden geht es bei den Przewalskis viel mehr zur Sache als bei unseren Hauspferden. Das ist bei Wildpferden auch viel mehr nötig als bei unseren Hauspferden. Querelen müssen in freier Wildbahn schnell und eindeutig geklärt werden, denn ständige Unruhen gefährden das Überleben der ganzen Gruppe. Bei Eingliederungen in Przewalski Junghengste Gruppen, zum Beispiel, wurde mehrfach beobachtet, dass die gesamte Gruppe den Neuling in die Zange nimmt, und das über Stunden. Hingegen greifen bei Hauspferden meist nur einzelne Tiere einen Neuling an, und nach einer halben Stunde ist in der Regel wieder Frieden eingekehrt.

Die ideale Gruppe?

Das bringt uns direkt zurück zu unseren Fragen. Zunächst zur Frage der geeigneten Gruppe. Nun, das werden Sie nicht immer in der Hand haben. Generell ist es auch gar nicht so einfach, die "ideale" Gruppe zu skizzieren. In vielen Ställen wurde und wird zum Beispiel nach Stuten und Wallachen getrennt. Etliche Gruppenhaltungen haben jedoch bereits gezeigt, dass es überhaupt keine Probleme bereitet gemischt geschlechtliche Gruppen zu halten. Auch nach Alter muss nicht unbedingt getrennt werden. Viel wichtiger ist anscheinend die individuelle Konstellation und die soziale Erfahrung sowohl der Gruppenmitglieder als auch des Neuankömmlings.

Soziale Erfahrung

Neuankömmlinge, welche schon oft die Gruppe gewechselt haben, stellen sich diesbezüglich oft recht geschickt an. Wir haben schon oft erlebt, dass solch sozial erfahrene Tiere sich erst einmal von der Gruppe fernhalten, diese beobachten und dann ganz vorsichtig mit einzelnen Gruppenmitgliedern Kontakt aufnehmen.

Streitschlichter

Auch in den Gruppen selber kann man Pferde mit besonderen sozialen Talenten beobachten. Zum Beispiel sahen wir öfters einzelne Pferde, welche regelrechte Streitschlichter Funktionen übernehmen. Dies kam in Hengstgruppen aber auch bei Stuten und Wallachen vor. Und tatsächlich gehen solche „Streitschlichter" bei aggressiven Konflikten zwischen die Streithähne und trennen sie. Warum sie dieses immense Risiko eingehen, ist noch völlig ungeklärt. Eine Zeit lang dachte man, dass es sich hierbei um ranghohe Tiere handelt, welche Paarungsrechte oder soziale Ansprüche in der Gruppe verteidigen. Jedoch unsere ersten Beobachtungen ergaben bereits, dass Pferde mit ganz unterschiedlichen Rangpositionen bei

Streitigkeiten intervenieren, und auch andere Forscher berichten, dass Tiere welche Paarungsversuche trennen beliebige Rangpositionen aufweisen. Möglich wäre es, das diese Streitschlichter versuchen den Neuankömmling für sich zu gewinnen. Ob dies so ist, bzw. ob sich aus diesen Konstellationen langjährige „Freundschaften“ ergeben, kann nur in aufwendigen Langzeitstudien untersucht werden.

Eingliederung mit „Bewährungshelfer“?

Wie dem auch sei. Für den Pferdebesitzer oder Stallbetreiber sind streitschlichtende Pferde ein Glücksfall. In einigen Ställen wird dies auch ganz aktiv zum Wohle des Neuankömmlings genutzt. Da es sich bei diesen Tieren oft um ältere und langjährige Gruppenmitglieder handelt, stellen manche Stall Betreiber zum Beispiel den Neuankömmling zuerst mit älteren Pferden ein paar Tage zusammen auf die Weide, um dann die beiden gemeinsam in die neue Gruppe zu integrieren. Oft werden die Neuankömmlinge dann regelrecht verteidigt. Wir haben es schon erlebt, dass eine junge Stute noch nach Monaten für Ruhepausen zu ihrem „Bewährungshelfer“ zurückkehrte. Es lohnt sich auf jeden Fall vor der Eingliederung mit den Pferdebesitzern oder dem Stallbetreiber das Gespräch zu suchen, um solche Dinge abzuklären.

Der Eingliederungsbereich

Ganz wichtig bei der Eingliederung ist auf jeden Fall das Raumangebot an sich und die Bauweise des Auslaufes oder des Gruppenstalles. Viele Autoren bestätigen, dass ein großes Areal ohne irgendwelche Engpässe oder tote Winkel äußerst wichtig für den Moment der Neueingliederung ist. Der Neuankömmling muss immer die Möglichkeit haben auszuweichen. Denn Keilereien in Bereichen ohne Fluchtmöglichkeit eskalieren leicht. Das Gleiche gilt natürlich auch für die Laufställe, zumindest solange, bis sich ein friedliches Miteinander wieder eingestellt hat, und prinzipiell ist es immer günstig, auch im Laufstall, Engpässe und tote Winkel zu vermeiden.

Futter bei der Eingliederung?

Manche Stallbesitzer gliedern auch gerne auf einer Weide mit viel Futterangebot, sei es Gras oder Heu ein. Hierbei ist es wichtig so viel Futter vorzulegen, dass keine Streitereien entstehen können. In vielen Fällen hat sich Futter tatsächlich als recht hilfreich erwiesen. Es lenkt etwas von dem Neuling ab und dieser hat mehr Zeit sich ganz allmählich den neuen Gruppenmitgliedern anzunähern.

Hufeisen ja oder nein?

Teilweise ist es auch üblich, für die Eingliederung zumindest, die hinteren Hufeisen abnehmen zu lassen. Generell können Pferde mit Hufeisen zwar nicht mit mehr Kraft zuschlagen, im Vergleich zum Bahrfuß-Huf erhöht das Eisen jedoch den Punktdruck. Somit tut der Schlag mit Hufeisen wesentlich mehr weh. Es ist zu befürchten, dass sie von den Geschlagenen als viel ernster aufgefasst werden, als sie von den Austeilenden eigentlich gemeint waren. Somit könnte eine noch nicht ganz unfreundlich gemeinte Warnung schnell in eine ernste Schlägerei ausufern. Die hinteren Hufeisen zu entfernen, ist also tatsächlich empfehlenswert.

Integrations-Techniken

Soforteingliederung

Genauso unterschiedlich wie die Ställe sind die angewandten Eingliederungstechniken. Viele Ställe integrieren den Neuling sofort in die neue Gruppe. Das hat den Vorteil, dass dieser noch unsicher in der neuen Umgebung ist und noch keine Besitzansprüche stellt. Jedoch hat er auch keine Zeit die zukünftigen Gruppenmitglieder zu beobachten und eine eigene Position abzustecken.

Mit Integrationsbox

Andere Ställe haben eine Integrationsbox, welche in den Laufstall eingebaut ist. Diese Box soll es den Neulingen ermöglichen erst einmal die neue Gruppe zu beobachten und vorsichtig durch den Zaun Kontakt aufzunehmen. Hierbei ist es ganz wichtig, dass diese Box groß genug ist, dass der Neuling eventuellen Angriffen von außen ausweichen kann und das die Integrationsbox einen Ruhebereich bietet. Nur einen 4 x 4 m großen Bereich provisorisch (womöglich noch mit Elektrodraht) abzuzäunen reicht nicht! Die Abtrennung muss verhindern, dass andere Pferde hindurch oder darüber beißen können und niemand, weder von außen noch von innen im Zaun hängen bleiben kann. Der Vorteil dieser Methode ist es, dass das neue Pferd sich schon mehr mit dem Stall und der neuen Gruppe vertraut machen kann. Allerdings bedeutet sie für manche Pferde viel Stress, besonders für solche die es gewöhnt sind sich frei im Laufstall zu bewegen.

Integration Stück für Stück

In manchen Ställen werden die „Neuen“ auch portionsweise integriert, das heißt tagsüber zur Gruppe gestellt und nachts wieder getrennt. Diese Technik entsteht meistens aus dem Wunsch heraus die Integration genau beobachten und im Zweifelsfalle abbrechen zu können. Die Erfahrung zeigt jedoch, dass man möglichen Ärger damit nur aufschiebt. Irgendwann müssen die Pferde auch alleine miteinander auskommen und wie bereits gesagt können sie das besser als wir meistens denken.

Integration mit älterem Gruppenmitglied

Aus unserer Sicht ist die cleverste Alternative einen Neuankömmling zunächst mit einem älteren, erfahrenen Pferd zusammenzustellen, vielleicht sogar mit Sicht- und Schnupperkontakt zu den übrigen Gruppenmitgliedern, und dann beide zusammen in die neue Gruppe zu schicken. Hierbei genießt der Neuling den Schutz und die Erfahrung des älteren Gruppenmitglieds. Ein Nachteil für diese Technik ergibt sich nur daraus, dass die Besitzer der älteren Pferde nicht immer bereit sind ihre Pferde als „Puffer“ zur Verfügung zu stellen.

Welche Integrations-Methode wählen?

Nun, das ist tatsächlich schwer zu sagen. Sollten Sie ein Pferd haben, welches schon oft umgezogen ist und welches in eine Gruppe kommt die Wechsel gewohnt ist, so spricht sicher nichts dagegen, ihn sofort zur neuen Gruppe dazuzustellen. Ansonsten kann ich nur empfehlen mit den Stallbesitzern zusammen zuarbeiten. Diese haben mit „ihrer“ Methode viel Erfahrung und wissen am besten, wie man Fehler vermeiden kann. Dass wir die Integration mit „Bewährungshelfer“ bevorzugen würden, habe ich ja schon zum Ausdruck gegeben.

Die Gruppenhaltung: eine Wohltat für Leib und Seele

Seien Sie guten Mutes. So schwierig ist der Umzug Ihres Pferdes gar nicht. In den vorangegangenen Abschnitten wurde nun reichlich über die möglichen Gefahren einer Integration gesprochen, doch sollte man nie aus den Augen verlieren, dass trotz der eventuellen Verletzungs-Risiken die Gruppenhaltung die gesündere Alternative für Leib und Seele ist. In einer guten Gruppenhaltung ist der Tierarzt nur noch ein seltener Gast. Denn die gleichmäßige Bewegung welche Pferde in Gruppen-, Laufstall-, oder Offenstall-Haltung genießen verbessert die Durchblutung des gesamten Bewegungsapparates, der Organe sowie von Haut und Hufen. Angeschlagene Bereiche können sich schneller erholen und wieder stärken. Zum Beispiel für Pferde mit chronischen Gelenkserkrankungen oder überempfindlichen, verspannten Rücken bietet die Gruppenhaltung gute Erholungsmöglichkeiten. Schon so manch ein „ausgedientes" Sportpferd hat sich hier wieder so regeneriert, das es lahmfrei zu reiten war. Die gleichmäßige Bewegung tut oft auch der Verdauung chronischer Koliker gut. Zudem wird die Lunge der Pferde gleichmäßig durchlüftet und dies oft mit besserer Luft, da Pferde Gruppen meist in größeren Ställen mit größerem Luftvolumen gehalten werden.

Haltungs-Bedingungen vorher abklären

Falls Sie solch einen empfindlichen Kandidaten haben, sollten Sie bevor Sie ihn in einen Laufstall stellen, unbedingt mit dem behandelnden Tierarzt und dem Stallbetreiber abklären, wie Ihr Liebling gehalten und behandelt werden muss. In manchen Laufställen zum Beispiel sind eingedeckte Pferde nicht gerne gesehen. Dies könnte ein Problem werden, wenn Ihr Pferd zum Beispiel überempfindlich im Rücken ist. Andere Ställe tolerieren keine Hufeisen, keine Bandagen, oder zum Beispiel das Zufüttern von spezial Futtermitteln. Sollten Sie schon wissen, dass Ihr Pferd irgendeine spezial Behandlung benötigt, kann ich nur empfehlen, frühzeitig den Dialog zu suchen. Oft lösen sich so die Probleme einfacher als man denkt, denn schließlich wollen alle Parteien das Beste für ihre Schützlinge.

Gruppenhaltung auch für Turnierpferde?

Dass Gruppenhaltung nur für Rentner, Jung- und Freizeit-Pferde geeignet ist, haben schon etliche Turnierreiter tatkräftig widerlegt. Besonders viele Distanz- und Vielseitigkeits-Pferde werden in Laufställen oder Gruppenauslauf gehalten, denn dort trainieren sie sich jeden Tag selbst. Und es wird jawohl niemand behaupten könne, das diese Pferde keine Leistung zeigen! Natürlich ist es etwas aufwendiger und eventuell auch mit etwas mehr Rücksichtnahme auf Jahreszeit und Wetter verbunden. Doch die „Umstände" lohnen sich für jeden Schul- oder Ausbildungsstall, für jeden Turnier- oder Freizeitreiter, denn wer das Glück hat sein Pferd in einer guten Auslaufhaltung, in einer stabilen sozialen Gruppe halten zu können wird sich dauerhaft über die Ausgeglichenheit, die Ruhe, die Gesundheit und die Leistungsfähigkeit seines Sportkameraden freuen.

Vorab könne Sie einige Punkte abklären:

- Sind Hufeisen, Decken, Bandagen oder Zufüttern erlaubt?
- Sollen Hufeisen vor der Eingliederung entfernt werden?
- Werden Neulinge sofort integriert oder erst ein paar Tage eingewöhnt?
- Gibt es „sozial erfahrene“ Gruppenmitglieder, mit denen der Neuling zuerst zusammengestellt und dann mit diesen integriert werden kann?

Bei der Integration selber:

- Dringen Sie darauf, dass tote Winkel und Engpässe zumindest für die Integration abgesperrt werden.
- Wenn Futter bei der Integration angeboten wird, achten Sie darauf, dass alle Pferde Zugang zum Futter haben und reichlich für alle gefüttert wird.
- Bei Gewöhnungs-Boxen sind Größe (Ausweichmöglichkeit) und Ruhebereich wichtig

Weiterführende Literatur:

Christensen JW, Zharkikh T, Ladewig J, Yasinetskaya N (2002) Social behaviour in stallion groups (Equus przewalskii and Equus caballus) kept under natural and domestic conditions. Appl Anim Behav Sci 76, 11–20.
doi: 10.1016/S0168-1591(01)00208-8

Hartmann E, Christensen JW, Keeling LJ (2009) Social interactions of unfamiliar horses during paired encounters: Effect of pre-exposure on aggression level and so risk of injury. Applied Animal Behaviour Science 121, 214–221.
doi: 10.1016/j.applanim.2009.10.004

Jørgensen GHM, Borsheim L, Mejdell CM, Søndergaard E, Bøe KE (2009) Grouping horses according to gender--Effects on aggression, spacing and injuries. Appl Anim Behav Sci 120, 94–99. doi: 10.1016/j.applanim.2009.05.005

Erkennung von Artgenossen und Menschen

Haben Sie sich schon mal gefragt, ob Ihr Pferd Ihr Deo oder Ihre Kleidung mag? Diese Frage hört sich jetzt vielleicht etwas merkwürdig an, aber es ist tatsächlich eminent wichtig sich damit auseinanderzusetzen welche Wirkung wir auf Pferde haben. Im ersten Kapitel zum Sozialleben der Pferde bin ich schon kurz auf die Erkennung der Pferde untereinander eingegangen. In diesem Kapitel möchte ich dies nun weiter ausführen und auf die Wahrnehmung von Menschen durch die Pferde ausdehnen.

Wenn Sie nun gefragt werden, ob Ihre Pferde sich untereinander und Ihr Pferd auch Sie erkennt, werden Sie sicherlich entrüstet sagen: „Das liegt doch ganz klar auf der Hand, dass sie sich und uns erkennen". Und damit haben Sie ganz und gar recht! Seit Langem wird dies in der Reiterei als gegeben vorausgesetzt. Doch ganz so trivial ist das Thema nicht, denn es ist immer noch nicht so ganz klar, wie Pferde ihre Artgenossen und uns wahrnehmen. Denn eindeutig vermitteln die Sinnesorgane der Pferde andere Eindrücke und genau das könnte wesentlichen Einfluss auf unseren Umgang mit dem Pferd haben.

Erkennen sich Pferde am Wiehern?

Seit vielen Jahren ist es bekannt und anerkannt, dass Pferde besonders über weite Distanzen akustisch, sprich mit Wiehern, kommunizieren. Und auch im direkten Kontakt spielen verschiedene Laute (Grunzen, Wiehern, Schnauben) eine große Rolle. Hierzu gab es schon eine Reihe Schriften, doch niemand hat es bisher so richtig bewiesen. Erst kürzlich ist eine wissenschaftliche englische Studie zu diesem Thema herausgekommen. Leanne Proops und Kollegen von der Universität Sussex (2009) haben in einem geschickten Versuchsaufbau nachgewiesen, dass Pferde ihre Gruppenmitglieder tatsächlich am Wiehern auseinanderhalten können. Ihren Pferden wurde bekanntes Wiehern vorgespielt und gleichzeitig dazu passende oder unpassende Pferde präsentiert. Passte das Wiehern zum jeweiligen Pferd, so zeigten die Pferde kaum Reaktionen, doch passte es nicht, so schauten sie lange in die Richtung, in der die Pferde nach der Präsentation verschwanden.
„Da haben wir es doch", werden Sie sagen, „aber wie sieht es mit der Erkennung von Menschen aus? Erkennen Pferde die Stimme ihres Herrn?" Nun, ganz gerade heraus, hierzu gibt es noch keinerlei wissenschaftliche Studien. Aus der Praxis würde ich vermuten, dass dem so ist, denn Pferde reagieren auf viel gut bekannte Geräusche, wie zum Beispiel das Öffnen des geliebten Futterwagens, aber ein eindeutiger Nachweis steht noch aus.

Die Optik macht's!

Ganz sicher erkennen Pferde sich am äußeren Erscheinungsbild. Grizimek führte 1943 bereits Versuche zur Erkennung von lebensgroßen Pferde-Abbildungen durch. Ihn interessierte besonders, wie stark er diese Abbildungen vereinfachen konnte, sodass Pferde sie noch als Artgenosse erkannten. Selbst stark schematisierte Formen wurden noch einwandfrei erkannt. Doch sagten seine Versuche leider nichts darüber aus, ob die Testpferde auch die Identität der Abbildungen herausfinden konnten.

In einer unserer Studien, für die wir untersuchten ob Pferde das Verhalten von anderen kopieren, erkannten Pferde ihre Gruppenmitglieder eindeutig, denn sie kopierten nur das Verhalten der dominanten Gruppenmitglieder, nicht der Fremden und auch nicht der rangniedrigen Gruppenmitglieder. Dies Ergebnis setzt eine Individualerkennung voraus, denn die Test-Pferde identifizierten eindeutig ihre Gruppenmitglieder und deren Rang. Jedoch wissen wir von diesem Ergebnis noch nicht, wie die Gruppenmitglieder identifiziert wurden. Es ist jedoch anzunehmen, dass die Test-Pferde, neben eventuellen Geruchsinformationen, visuelle Informationen gesammelt haben.

„Badges of Status"

Sicher spielen in die visuelle Erkennung viele Faktoren mit hinein. Einerseits die Konturen, dann die Farbe und die Bewegungen. Die Konturen können Pferde offensichtlich stark abstrahieren. Trotzdem könnten sie eine wichtige Rolle spielen, wenn Sie sich einmal vergegenwärtigen, wie unterschiedlich die Konturen einer tragende Stute und eines Hochleistungssportpferdes aussehen. Viele von Ihnen werden sicher schon erlebt haben, dass Hengste, oder hengstige Wallache, Stuten mit dickem Bauch und voluminöser Kruppe bevorzugen. Dies könnte den Eindruck besonderer Fruchtbarkeit vermitteln. Anderseits stehen Stuten oft auf Hengste mit hohem Halsaufsatz und starken Hengstgebärden. In der Welt der Biologen wäre dies nicht verwunderlich, denn es ist schon lange bekannt, dass viele Tierarten Paarungspartner mit Merkmalen bevorzugen, welche ihre Fruchtbarkeit oder Durchsetzungsfähigkeit im Kampf um Futter verdeutlichen. So bevorzugen zum Beispiel weibliche Meisen Paarungspartner ,bei denen sich zu beiden Seiten ihres schwarzen Bauchstrichs der gelbe Anteil des Bauches deutlich hervorhebt. Sprich: dicker Bauch = gut genährt = guter Vater für die Jungen. Diese Merkmale nennt man „badges of status". Und wie schon aus dem Namen und dem Beispiel klar wird, unterstreichen diese Merkmale eher einen momentanen, auf Dauer veränderlichen Zustand. Somit sind sie für die Individualerkennung nur mittelmäßig verlässlich. Es erscheint logisch das auch die äußeren Konturen eher potenziellen Paarungspartner, als die Identität der Pferde preisgibt.

Menschen werden von Pferden scheinbar zum Teil an den äußeren Konturen erkannt. In einer etwas anekdotischen Studie an einem Pferd, welches alle Menschen schlug ,außer seinen Besitzer, zeigte Grizimek 1949, dass dieses Pferd seinen Besitzer nicht mehr erkannte, wenn er sich mit dem Hut und dem Mantel seiner Frau ausstaffierte. Allerdings könnte auch hier der Geruch der Kleidungsstücke wichtige Informationen übermittelt haben.

Bewegungen sind für das Fluchttier Pferd wichtig

Unsere Studie zum Erlernen vom Folgeverhalten schien eher zu zeigen, dass die Bewegungen der Menschen, für die Erkennung wichtig ist. Nachdem 10 Pferde gelernt hatten einem Menschen zu folgen, veränderten wir die Testperson. Im letzten Durchgang trug sie sogar ein Betttuch über Kopf und Körper. Einige Pferde waren nun zunächst misstrauisch, doch sobald sich das „Gespenst" in Bewegung setzte, folgten sie ihm vertrauensvoll. Natürlich hatten sie in den Testreihen zuvor gelernt, dass sie Menschen generell folgen sollten. Das „Gespenst" erkannten sie zunächst nicht als Mensch, erst als es sich bewegte. Das bedeutet natürlich nicht, dass sie die Identität des Menschen zwangsläufig erkannten, obwohl es auch nicht ausgeschlossen ist. Wir müssen jedoch einräumen, das sie vielleicht jedem Bettuch-Menschen gefolgt wären.

Bekennen Pferde Farbe?

Kommen wir zur Farbe. Pferde sind Dichromaten, im Gegensatz zu Menschenaffen und Menschen, welche trichromatisch sehen. Das bedeutet, Pferde können nur zwei Farben genau erkennen, gelb und blau. Aus den anderen Farben filtern sie sich die Gelb- und Blauanteile heraus. Genauer werde ich auf das Farbensehen im Kapitel 8: „Was Pferde sehen" eingehen. Hier nur noch so viel, das Farbkontraste für Pferde eine starke Rolle spielen. In der Natur kommen solche jedoch nur selten vor. Deshalb mag es auch die Erkennung von Pferden untereinander beeinflussen, wenn wir sie zum Beispiel mit bunten Decken eindecken. Im letzten Kapitel hatte ich schon darüber geschrieben, dass ich einmal mein eigenes Pferd mit einer bunt gemusterten Abschwitzdecke in seine Herde gestellt hatte, welche eingedeckte Pferde nicht kannte. Die arme Stute wurde daraufhin 2 Stunden gehetzt, als hätten die anderen Pferde sie noch nie gesehen. Ein anderer Wallach machte einmal beim Ausreiten auf dem Absatz kehrt, als er auf 300 Meter Entfernung ein geschecktes Pferd sah und war durch nichts dazu zu bewegen in die Nähe dieses Schecken zu gehen. In unserm Stall gab es zu dieser Zeit keine Schecken.

Die Anpassungs-Weltmeister

In den vorangegangenen Anekdötchen sind zwei Worte von besonderer Bedeutung, einerseits die Kontraste und anderseits die Gewöhnung. Pferde gewöhnen sich an unglaublich viele Dinge. Ja sie sind sozusagen richtige Anpassungsmeister. Nur so ist es zu erklären, dass es überall auf der Welt, zum Teil unter den absurdesten Umweltbedingungen verwilderte Pferde gibt, die sich scheinbar pudelwohl fühlen und sich kräftig vermehren.

Zurück zum Thema. Für die optische Erkennung der Pferde sind Gewohnheiten sehr wichtig. Kennen Pferde andere Artgenossen aller Couleur, so wird sie wohl auch kein stark kontrastreicher Schecke aus der Bahn werfen. Haben sie also Geduld mit Ihrem Vierbeiner. Er gewöhnt sich ziemlich schnell auch an Pferde mit ungewohntem Aussehen oder an andere Tierarten. Genau so verhält es sich mit eingedeckten Pferden. Tragen in Ihrem Stall alle Pferde Decken mit gedeckten Farben, so kann ich Ihnen nur empfehlen, dies auch so zu halten. Ansonsten sollten Sie eine kleine Eingewöhnungsphase einrechnen.

Lösen rote Jacken Aggressionen aus?

So könnten auch die Geschichten von Pferden, welche auf rote Jacken aggressiv reagieren, zustande kommen. Es ist sicher nicht das Rot an sich, denn im Rot sehen die Pferde hauptsächlich den Gelbanteil. Doch die Jacke hebt sich deutlich ab, und vergegenwärtigen wir uns einmal, dass unsere Mitmenschen im Stall meistens in gedeckten Farben eingekleidet sind, so ist es gar nicht so erstaunlich, dass bunte Jacken Aufsehen erregen. Besonders ängstliche Pferde werden oft erst einmal erschrecken, wenn ein bunt gekleideter Mensch in ihre Box hineinrumpelt. Da sich dieser keiner „Schuld“ bewusst ist, wird er dann einfach weitergehen und je nach Gemütszustand des Pferdes kann es dann schon mal vorkommen, dass es aggressiv reagiert. Ich werde es auf jeden Fall nie vergessen, das mich als Kind einmal ein Pferd ganz unvermutet an meiner roten Jacke packte und gegen die nächste Wand beförderte.

Pferde können sich gut riechen

Im direkten Kontakt spielt die Geruchswahrnehmung ganz offensichtlich eine eminent wichtige Rolle sowohl für die Erkennung der Gruppenzugehörigkeit und auch für die Individualerkennung. Jeder von Ihnen wird schon beobachtet haben, dass sich

Pferde an den Nüstern, in der der Flankengegend und im Analbereich beschnuppern. Zusätzlich erregt aber auch der Kot von anderen Pferden ziemlich starkes Interesse. Außerdem markieren Pferde mit Kot und Urin. Besonders Hengste koten und urinieren auf den Kot von anderen. Aber auch Stuten und Wallache zeigen dies manchmal. Oft sieht man and den Grenzen von Weiden, oder and Tritt-Kreutzungen regelrechte Kotberge, welche offensichtlich Reviergrenzen markieren sollen. Viele Wissenschaftler haben dies schon beschrieben, sodass wohl kein Zweifel mehr darüber besteht, dass Geruchswahrnehmung wichtig ist. Einige Studien haben dargestellt, dass Hengste die Gruppenzugehörigkeit und das Geschlecht von Kotproduzenten erkennen können.

Meiner Arbeitsgruppe gelang es nun darzustellen, dass alle Pferde gleich welchen Geschlechtes die Identität der Kot produzierenden Pferde bestimmen konnten. Interessanterweise stimmte das Interesse der Pferde an Kothaufen, gemessen in Schnüffelzeit an denselben, exakt mit dem Maß der von diesen Pferden erhaltenen Aggressionen überein. Die Pferde brachten den Geruch der Kothaufen offensichtlich mit dem Verhalten der Kotproduzenten in Zusammenhang. Sprich sie erkannten den Kot und somit die jeweiligen Pferde am Geruch.

Mag mein Pferd Parfüm?

Leider tappt die Wissenschaft noch ganz und gar im Dunkeln, welche Geruchsstoffe denn nun ausschlaggebend für die Individualerkennung sind. Bei anderen Tierarten ist man da schon viel weiter, und da dieses Forschungsgebiet momentan gerade boomt, ist in Zukunft bestimmt, auch bei Pferden, mit aktuellen Ergebnissen zu rechnen.

Auf jeden Fall wäre ich vorsichtig damit mein Pferd all zu exzessiv mit Fliegenmittel einzusprühen, und es dann wieder in seinen Gruppe zurückzustellen. Es ist noch völlig unklar ob wir damit die Geruchsstoffe überdecken können, welche für die Erkennung der Pferde untereinander wichtig sind. Und eine gestörte Erkennung löst dann wie schon im Beispiel mit der Decke unnötige Aggressionen unter Pferden aus. Jedoch können Sie die „Kumpels“ Ihres Pferdes sicher stufenweise an den Geruch des Fliegenmittels gewöhnen.

Und somit wären wir bei der Frage, ob Ihr Pferd Ihr Deo mag. Es ist auf jeden Fall Fakt, das in Parfüms oft Sexuallockstoffe von anderen Tieren (z. B. Moschus) verarbeitet werden, welche ganz offensichtlich auch auf uns Menschen eine große Wirkung haben. Wie Pferde darauf reagieren, ist noch gänzlich unerforscht. Es wäre jedoch denkbar, dass dessen Wirkung auch die Pferde nicht verfehlt. Es ist gut möglich, dass Moschus besonders auch auf Hengste aphrodisierend wirkt.

Erkenne Dich selbst!

Pferde haben, wie oben schon beschrieben, ganz offen sichtlich eine genaue Vorstellung davon wer zu ihrer Gruppe gehört und welche Position diese Pferde in ihrer Gruppe einnehmen. Sie erkennen einzelne Pferde akustisch, optisch und am Geruch und benutzen auch ihren Kot und Urin um sich anderen Pferden gezielt darzustellen.

Doch Pferde haben sogar eine ganz genaue Vorstellung davon, in welcher Rangposition innerhalb der Gruppe sie sich selber befinden. Das ist mehr als so manch ein Mensch von sich sagen kann. Diese Entdeckung drängte sich uns in der schon oben angeführten Verhaltensstudie auf, in der wir untersuchten ob Pferde untereinander kopieren beliebigen Testpersonen nachzufolgen. Sie ändern tatsächlich nach dem Beobachten ihr Verhalten von „Nicht-Nachfolgen“ zu „Nachfolgen“, aber nur wenn das beobachtete Pferd aus ihrer Gruppe stammt und ranghöher als sie selbst ist.

Was das für Sie bedeutet? Nun Pferde können offensichtlich auch beobachten wie selbstsicher und bestimmt Menschen auftreten. Das haben schon viele Studien welche sich mit verschiedenen Bodenarbeitsmethoden beschäftigen gezeigt. Da Pferde aber ihre eigene Stärke kennen, werden sie diese und das Verhalten des Menschen, oder Reiters, in die Wagschale werfen wenn es darum geht, mit dem Menschen zu kooperieren oder auch nicht. Ein starkes Pferd werden Sie mit einem schwachen Auftritt sicher nicht dazu bewegen können Sie durch eine brenzlige Situation zu tragen. Mehr hierzu können Sie in den zwei vorangegangenen Kapiteln zum Sozialverhalten der Pferde lesen.

Pferde halten uns den Spiegel vor
Dass Pferde sich so gut selber und uns Menschen einschätzen können, gibt uns eine einzigartige Chance: Im Verhalten der Pferde können wir uns selbst erkennen! Täglich halten sie uns den Spiegel vor. Und die geäußerte Kritik sollten Sie durchaus ernst nehmen. Denn Pferde sind gnadenlos ehrlich. Sie lassen sich von Prestigeobjekten, wie teurer Kleidung und teuren Autos nicht blenden, und sie lassen sich auch nicht mit Futter kaufen. Futter ist für sie selbstverständlich, denn sie stehen in der Natur sozusagen immer mitten drin in der Salatschüssel. Was nicht heißt, dass man seinem täglichen Apfel und Leckerlilieferant nicht entgegen wiehern könnte. Aber Futter baut keine festen Bindungen auf, welche über „Krisensituationen“ hinweghelfen könnte.

Genau dieser Punkt macht das Pferd zum idealen Psychotherapeuten. Pferde zeigen uns unsere Schwächen sofort, honorieren es aber auch, wenn wir es schaffen diese zu überwinden. Der Umgang mit Pferden und das Reiten geben uns täglich die Chance nicht nur an unserer körperlichen Fitness, sondern auch an unserem Temperament, unserem Mut und unserer Gerechtigkeit zu arbeiten.

Praktische Tipps

- Seien Sie vorsichtig damit ein eingedecktes oder mit Geruchsstoffen besprühtes Pferd auf die Weide zu seinen Kumpeln zu stellen. Wenn in Ihrem Stall keine Decken oder Fliegensprays üblich sind, könnten andere Pferde dadurch irritiert sein und Ihr Pferd als „Fremdling" behandeln.
- Gewöhnen Sie Ihr Pferd an bunte Farben im Stall oder in Ihrer Kleidung. Starke Kontraste verschrecken ängstliche Pferde, sind sie aber alltäglich so werden sie nicht mehr zur Kenntnis genommen.

Weiterführende Literatur

Grzimek B (1949) Das Erkennen von Menschen durch Pferde. Z Tierpsychol 6, 110–119. doi: 10.1111/j.1439-0310.1949.tb01466.x
Krueger K, Heinze J (2008) Horse sense: social status of horses (Equus caballus) affects their likelihood of copying other horses` behavior. Anim Cogn 11, 431–439. doi: 10.1007/s10071-007-0133-0

Proops L, McComb K, Reby D (2009) Cross-modal individual recognition in domestic horses (Equus caballus). PNAS 106, 947–951.
doi: 10.1073/pnas.0809127105

Saslow CA (2002) Understanding the perceptual world of horses. Appl Anim Behav Sci 78, 209–224. doi: 10.1016/S0168-1591(02)00092-8

Stahlbaum CC, Houpt KA (1989) The role of the Flehmen response in the behavioral repertoire of the stallion. Physiol Behav 45, 1207–1214.
doi: 10.1016/0031-9384(89)90111-X

Führungspersönlichkeiten:
oder, die alte Geschichte von der Leitstute

Fast jeder der sich mit dem Thema Gruppenleben der Pferde beschäftigt hat schon gehört, dass eine Pferdegruppe von einer Leitstute angeführt wird, sich hinter ihr die übrigen Stuten und ihre Fohlen einreihen, und zu guter Letzt, der Hengst, der das Ganze von hinten antreibt. Doch tatsächlich haben viel Forscher in den letzten Jahren diesen schönen, klaren Sachverhalt infrage gestellt. Gibt es wirklich solch klar strukturierte Gruppenbewegungen bei Pferden? Ist das die Norm? Oder gibt es überhaupt eine definierte Leitstute in den Gruppen? Nun, wenn ich schon so frage, werden Sie sich denken, wohl eher nicht.

Die ranghöchste Stute führt?

Und in der Tat zeigen wissenschaftlicher Studien unterschiedlichste Muster bei Gruppenbewegungen von Pferdeartigen, zu denen Zebras, Esel und Pferde gehören, auf. Hans Klingel beobachtete 1968 bei Berg- und Hartmann Zebras Hengste, welche ihre Gruppe zum Wasser führten. Jedoch berichtete er, dass die dominanteste Stute dieselbe Gruppe wieder vom Wasser weg führte. Bei Steppenzebras übernahm, nach Klingel (1964) und (1967), generell die dominanteste Stute die Führungsrolle. Nach diesem Prinzip ist die Übernahme der Führungsrolle eindeutig an den sozialen Rang der Pferde in der Gruppe gebunden. Das ranghöchste Tier ist somit das beste Leittier.

Bedürfnisse veranlassen Pferde zu führen

Eine andere Forschungsgruppe von der Universität Princeton in den Vereinigten Staaten, unter Leitung von Rubenstein und Fischhoff (2007) fand erst kürzlich ebenfalls permanente Leitstuten bei Steppenzebras. Allerdings richtete sich hier die Übernahme der Führungsrolle danach, ob die Stuten gerade ein Fohlen bei Fuß hatten, sprich in der Laktation waren. Da bei dieser Studie hauptsächlich das Leiten der Gruppe zum Wasser beobachtet wurde und laktierende Stuten mehr Wasser benötigen, erscheint es ganz folgerichtig, dass diese einen größeren Anreiz haben zum Wasser zu leiten. Fischhoff weist gezielt auf die Entstehung von Führungsrollen in stabilen Gruppen hin, wohingegen unstabile Gruppen von Tieren mit dem größten Bedürfnis angeführt werden. Somit präsentiert sich uns hier das zweite Prinzip: Die Übernahme der Führungsrolle ist nicht so sehr vom sozialen Rang, sondern von den Bedürfnissen der Tiere gesteuert.

Alle Pferde sind gleichermaßen Führungspersönlichkeiten

Für Przewalski Pferden, den sogenannten Urwildpferden, wurde 2009 von einer französischen Arbeitsgruppe, unter der Leitung von Marie Bourjade, und für verwilderte Hauspferden von Tyler (1972) die generelle Gleichverteilung sozialer Führung über alle Mitglieder einer Gruppen beschrieben. Dies wäre dann, unabhängig von Ursache und Wirkung, das dritte Prinzip: Es gibt keine spezifische Führungsrolle, sondern die Leitung der Gruppen kann von allen Mitgliedern im Turnus übernommen werden.

Widersprüche?

Allerdings stehen diese Ergebnisse im Gegensatz zu Feist und McCulloughs Bericht für verwilderte Pferde, in welchem die Leitung jeweils von der ältesten Stute oder von bestimmten Stuten mit Fohlen oder Jährlingen übernommen wird. Noch komplizierter wird es mit der Beobachtung von Tyler (1972) selbst und zusätzlich eine portugiesische Arbeitsgruppe, unter Phillipa Heitor (2006), dass junge führende Pferde im Laufe einer Gruppenbewegung von höherrangigen Pferden aus ihrer Rolle verdrängt wurden und sich rangniedrige Stuten normalerweise hinter dominanteren einreihten.

Die Wahrheit liegt irgendwo dazwischen

Nun, was machen wir mit dem ganzen Kuddelmuddel? So ganz wollten wir das natürlich nicht auf sich beruhen lassen, und haben in den letzten drei Jahren viel Hauspferde Gruppen und Gruppen verwilderter Pferde in Bezug auf die Führung von Gruppenbewegungen genauer unter die Lupe genommen. Wir fanden Elemente vieler geschilderter Studien. Einerseits bestätigte sich das Prinzip 3. Die Führung der Gruppen wurde tatsächlich nicht nur von spezifischen einzelnen Tieren, sondern von allen Gruppenmitgliedern übernommen. Sprich, es gibt keine eindeutige Leitstute und somit auch keine permanente, soziale Rolle eines Leittieres bei Gruppenbewegungen.

Führung von allen, aber an Rang gebunden

Anderseits konnten wir aber auch das Prinzip 1, welches da sagt, dass die Führung einer Gruppe an den sozialen Rang gebunden ist, beobachten. Denn tatsächlich war die Häufigkeit der Übernahme der Führung linear zur Ranghöhe der Pferde.

Das Sozialsystem der Pferde, welches eindeutig linear vom Ranghöchsten zum Rangniedrigsten strukturiert ist, hat eindeutig einen Einfluss auf die Häufigkeit mit der sich Gruppenmitglieder entscheiden einander zu folgen.. Was nichts anderes heißt, als dass ranghöchsten Pferden am häufigsten, mittelrangigen seltener und am seltensten rangniedrigen Pferden gefolgt wurde.

Gruppenleitung ist situationsgebunden

Letztendlich müssen wir auch Prinzip 2 zustimmen, welches besagt, dass die Übernahme der Leitung vom Bedürfnis der Tiere ausgelöst wird. Denn gerade dieses Prinzip führt zur Streuung der Leitrolle über die ganze Gruppe. Auch das rangniedrigste Pferd kann mal so von Hunger geplagt sein, dass es als Erstes zur Futterstelle läuft. Zusätzlich werden verschiedene Bedürfnisse von individuellen Pferden unterschiedlich empfunden. So kann der eine besonders Kälte empfindlich sein, und am dringendsten zum Unterstand streben, der Nächste ist besonders durstig, freiheitsliebend oder hungrig und übernimmt in solchen Situationen die Führung. Jedoch setzen die ranghohen Pferde sich in der Regel am häufigsten durch. Unsere Araber Pony Stute ist zum Beispiel ein ausgesprochener Freigeist und versucht ihre Gruppenmitglieder immer davon zu überzeugen auf der Weide zu bleiben. Wenn ihre Kumpels jedoch Futter im Stall vermuten, lassen sie sich nicht von ihr beirren, denn sie ist die unterste in der Rangfolge. In anderen Situationen hat sie jedoch eher Glück die ganze Gruppe zum Umzug auf eine andere Freifläche zu überreden. In ähnlicher Art haben wir oft rangniedrige Pferde beobachtet, welche sich von der Gruppe entfernen aber von niemandem beachtet werden. Dahingegen findet die ranghöchste Stute wesentlich mehr Beachtung, wenn sie beschließt ihren Standort zu wechseln.

Wenn es gefährlich wird, führen mittel- oder niederrangige Pferde

Wichtig für den täglichen Umgang ist es auf jeden Fall zu wissen, dass ranghohe Pferde in Situationen die sie als gefährlich empfinden gerne mal die Leitung an mittel- oder niederrangige Pferde abgeben. Ein ranghohes Pferd muss sich nicht als Erstes vom „Säbelzahntieger“ im Wald fressen lassen. Wenn es etwas Verdächtiges wahrnimmt, hat es das Privileg erst einmal zu warten was passiert, wenn ein anderes Gruppenmitglied an der potenziellen Gefahr vorbeigeht. So finden sich in solchen Situationen oft besonders mutige, mittelrangige Kumpels, welche eher mal bereit sind etwas zu riskieren, und diese ziehen dann die ganze Gruppe mit. Das heißt natürlich nicht, dass eventuell hinter der lauernden Gefahr verborgenes

Futter im Fall der Unbedenklichkeit, dann doch vom ranghohen Chef, bzw. der Chefin, beansprucht werden kann.
Anderseits haben wir auch schon oft ranghohe Pferde beobachtet, welche erst einmal aus einiger Entfernung beobachten, dann aber, wenn die Situation entgleiste, doch die Führung übernahmen. So machte uns zum Beispiel ein Hengst der wild lebenden Pferde in den italienischen Abruzzen öfter einen Strich durch unsere Versuchspläne, indem er ruhig beobachtete, wie wir uns seiner Gruppe annäherten, sie auszählen und beobachteten, aber, in dem Moment, indem wir unserer Versuchskisten aufstellen wollten, die ganze Gruppe ins Nachbartal trieb.

Zusammenfassend haben wir einerseits klare Verhältnisse bei der Führung von Gruppen durch den Leithengst beobachtet. Wenn ein Hengst seine Herde zusammentreibt, wird nicht lange diskutiert, dann haben alle Gruppenmitglieder einfach zu folgen. Etwas anders verhält es sich, wenn Gruppenmitglieder einander folgen. Hier sind die Gruppenmitglieder gleichberechtigt. Sie können alle frei wählen, ob sie folgen oder nicht. Wer die Führung der Gruppe anbietet, hängt teilweise von der jeweiligen Situation ab. Jedoch hängt die Häufigkeit des Erfolges eine Gruppenbewegung auszulösen klar von der Ranghöhe ab. Hierbei wird ranghohen Pferden weit häufiger gefolgt als rangniedrigen.

Tipps für die Praxis

- **Die ranghöchste Stute hat immer noch am meisten zu sagen. Wenn Sie eine Pferdegruppe in den Stall bringen wollen, schnappen Sie sich die ranghöchste Stute. Wenn diese ruhig mit Ihnen mitgeht, dann haben Sie gewonnen und die Gruppe kommt ohne zu murren mit.**
- **In der Regel gibt die ranghohe Stute auch an, in welcher Reihenfolge gegangen wird. Oft gehen die übrigen Gruppenmitglieder ganz brav in Reihe und Glied hinter ihr her, und Sie können die ganze Mannschaft ganz zivilisiert in den Stall bringen. Haben Sie allerdings eine ziemlich rangniedrige Stute am Strick, so werden die ranghöheren immer versuchen sie zu überholen und das Ganze kann in ein ziemliches Chaos ausarten.**
- **Wenn es z. B. auf der Straße einmal gefährlich wird, furchterregende Monster am Straßengraben stehen, oder gefährliche Geräusche zu hören**

sind, dann kristallisiert sich ganz schnell heraus, wer in der Gruppe der Mutigste ist. Dies ist ganz häufig nicht die ranghöchste Stute. Lassen Sie das Pferd ruhig vorangehen und üben mit Ihrem Pferd das Vorbeigehen an solchen Objekten lieber auf dem Reitplatz. Auf der Straße ist es einfach viel zu gefährlich, versäumte Übung nachzuholen. Schämen Sie sich nicht für Ihr Pferd, das es sich hinter anderen versteckt, es ist nicht unbedingt ein Zeichen von Feigheit, sondern eher von Klugheit.

- In Anfängerstunden sollte der Reitlehrer beachten, dass er besonders rangniedrige Pferde nicht gerade vor die ranghohen einreiht. Es gibt ranghohe Pferde, die sich die „Zurückstellung“ mit einem Anfänger auf dem Rücken nicht gefallen lassen und dann selber zur Initiative greifen, welche einfach aus dem Überholen des Vorgängers oder sogar aus einem Angriff desselben bestehen kann.

Weiterführende Literatur:

Bourjade M, Thierry B, Maumy M, Petit O (2009) Decision-Making in Przewalski Horses (Equus ferus przewalskii) is Driven by the Ecological Contexts of Collective. Ethology 115, 321–330. doi: 10.1111/j.1439-0310.2009.01614.x

Fischhoff IR, Sundaresan SR, Cordingley J, Larkin HM, Sellier M-J, Rubenstein DI (2007) Social relationships and reproductive state influence leadership roles in movements of plains zebra, Equus burchellii. Anim Behav 73, 825–831. doi: 10.1016/j.anbehav.2006.10.012

Heitor F, do Mar Oom M, Vicente L (2006) Social relationships in a herd of Sorraia horses Part I. Correlates of social dominance and contexts of aggression. Behav Process 73, 170–177. doi: 10.1016/j.beproc.2006.05.004

Klingel H (1964) Zur Sozialstruktur des Steppenzebras, Equus quagga boehmi Matschie. Die Naturwissenschaften 51, 347. doi: 10.1007/BF00625100
Klingel H (1967) Soziale Organisation und Verhalten freilebender Steppenzebras (Equus quagga). Z Tierpsychol 24, 580–624. doi: 10.1111/j.1439-0310.1967.tb00807.x

Tyler SJ (1972) The behaviour and social organisation of the new Forest ponies. Anim Behav Monogr 5, 85–196

Pferdepersönlichkeiten

Haben Pferde einen Charakter oder eine Persönlichkeit? Dumme Frage, natürlich haben sie eine! Doch in der Tat ist die Frage nicht ganz so trivial. Denn in den letzten Jahrzehnten dominierte in der Psychologie und in der Verhaltensbiologie der Behaviorismus, welcher Tiere auf die Stufe von Maschinen herunterstufte. Man war davon überzeugt, dass tierisches Verhalten auf ganz simple Reflexe reduzierbar sei, und auf jeden Fall, glaubte man, hätten sie kein individuelles Verhalten, keine Gefühle und erst recht keine Persönlichkeiten. Genau mit diesem Stigma kämpfen Psychologen und Biologen noch heute.

Interieur Selektion

Aber gerade die Domestikation und gezielte Zucht von Haustierrassen beweist das Gegenteil. Tiere haben eine Persönlichkeit, auf welche man tatsächlich bewusst selektieren kann. Denn bei der Zucht wird nicht nur das Exterieur (der Körperbau) sondern auch das Interieur (Charakter, Leistungsfähigkeit, Umgänglichkeit etc.) berücksichtigt. Ganz simpel fing in der Geschichte der Domestikation unserer Haustiere die Selektion erwünschter Interieur Eigenschaften mit der Bevorzugung besonders kooperativer Tiere an. Ein weiterer Selektionsaspekt war sicher auch schon immer die Verträglichkeit der Pferde untereinander. Nimmt man zum Beispiel frühere Verleihpferde oder Kriegspferde, welche oft willkürlich mit fremden Pferden gemischt wurden, so konnte man sich besonders aggressive Vertreter gar nicht leisten. Sie hätten den ganzen Bestand aufgearbeitet.

Zucht auf Charaktermerkmale

Unserer heutige Pferde Zucht setzt die Tradition der Interieur Selektion fort. Besonders erfolgreiche Turnierpferde müssen nicht nur leistungsfähig, sondern auch leistungsbereit sein. Ein besonders gutes Beispiel sind hier die Donnerhall-Nachkommen. Viele haben von ihrem Vater nicht nur das Exterieur und eine überdurchschnittliche Dressurbegabung, sondern auch eine sehr gute Rittigkeit geerbt. Allerdings benötigen die Rassen für verschiedene Zwecke unterschiedliche körperliche Leistungsfähigkeiten und Charaktereigenschaften. Zum Beispiel muss ein Kaltblüter nicht nur sehr Zug stark, sondern auch ein bisschen stur sein. Im Haupt und Landesgestüt Schwaiganger gilt diesbezüglich seit vielen Jahren die Devise: Kaltblüter sind im positiven Sinne stur! Das müssen sie auch sein, denn wenn sie einen Baum nicht auch gegen etwas Widerstand aus dem Wald ziehen, wären sie wohl kaum von Nutzen. Im Gegensatz dazu müssen Vollblüter schnell, flexible und empfindsam sein, und viele Kleinpferde, zum Beispiel, besonders umgänglich und geduldig. Diesbezüglich wiesen Llyod und Kollegen (2007) in einer groß angelegten Versuchsreihe nach, dass die von den Zuchtverbänden gepriesenen Charaktermerkmale auch tatsächlich darstellbar sind.

Persönlichkeitsforschung

Aber wie stellt sich denn nun die Persönlichkeit oder der Charakter eines Pferdes dar? In der menschlichen Persönlichkeitsforschung werden eine Vielzahl von Charakterzügen beobachtet und per Fragebogen hinterfragt und festgehalten. Einige universitäre Arbeitsgruppen haben versucht, diese ausführlichen Protokolle auf Pferde zu übertragen. Neben vielen, beschreibenden Attributen, wie zum Beispiel; aktiv, aggressiv, neugierig etc. gingen auch Attribute in die Analyse ein, welche vom Beobachter interpretiert werden müssen, wie etwa: verständnisvoll, misstrauisch, zuverlässig, intelligent etc. Und genau da setzt die Kritik an der Persönlichkeitsforschung bei Tieren an, denn Attribute, welche interpretiert werden müssen werden gerne von jedem ganz anders verstanden. Auf gut „Wissenschafts-Deutsch", sie sind nicht replizierbar. Deshalb schlagen nun viele Forscher einen einfacheren Weg ein und messen nur das, was sie auch wirklich sehen können. Interessanterweise reduziert sich dies dann ganz schnell auf dichotome Verhaltensweisen wie etwa: stur – schüchtern, mutig – ängstlich, neugierig – gleichmütig. Allerdings diskutiert man momentan das die Dichotomie, sprich die Gegensätzlichkeit, nur von wenigen Tieren gezeigt wird aber wesentlich mehr Tiere überraschend flexibel in ihrer Charakterausprägung sind. Ralf Bergmüller (2010) zum Beispiel analysierte verschiedene Tiergruppen und fand nur wenige Tiere mit extremer Ausprägung von „Sturheit" oder „Schüchternheit", aber andere, welche die ganze Bandbreite zwischen den beiden Extremen zeigten. Erstaunlich ist es ebenfalls, wie flexibel sich Charaktermerkmale in verschiedenen Situationen zeigen. In diesem Sinne steht zur Diskussion, ob man nicht prinzipiell zwischen Tieren mit einer stabilen und solchen mit einer flexiblen Charakterausprägung reden muss.

Persönlichkeitsvererbung

Nun, es gibt wohl wirklich genug zu tun diese zweiseitigen Charakterausprägungen bei den verschiedenen Tieren und besonders auch bei den Pferde Rassen darzustellen. Für die praktischen Versuche konfrontiert man die Pferde gewöhnlich entweder mit unbekannten Objekten, mit Personen oder unbekannten Arbeitssi-

tuationen. Bei einigen Tieren sind die Persönlichkeiten über lange Zeit und über unterschiedliche Situationen recht stabil. So sind mutige Pferde immer und in viele Situationen mutig und ängstliche immer ängstlich. Wie gesagt, gibt es jedoch auch viele Tiere, welche eher variabel auf verschiedene Situationen reagieren. Zum Beispiel findet man Pferde, welche im Kampf um Futter recht mutig, aber in der Wahl ihrer Sozialpartner eher ängstlich sind.
Besonders die Selektion verschiedene Charakterzüge bei unterschiedlichen Rassen beweist, dass Persönlichkeiten erblich sind. Sonst würde deren Zuchtselektion ja auch wenig Sinn machen. Besonders gut konnten Drent und Kollegen (2004) dies in der Selektion von Meisen bei der Zucht von besonders mutigen und besonders schüchternen Meisen Populationen darstellen. Bei Vögeln kann man den genetischen Ursprung von Charaktermerkmalen gut nachweisen, weil die Charakterentwicklung der Jungtiere in ihren Eiern weitgehend von maternalen Einflüssen (Einflüsse durch die Mutter, welche schon im Mutterleib, oder bei der Aufzucht der Jungen entstehen) geschützt ist.
Beim Pferd macht man Unterschiede, ob der Hengst oder die Stute seinen Charakter dominant, sprich ausschlaggebend, vererbt. Gute Züchter beobachten das Interieur ihrer Nachzucht deshalb ganz genau und wissen nach einiger Zeit welche Stuten-Hengst-Paarungen günstig, und welche ungünstig sind. Auf jeden Fall ist es nicht sehr ratsam mit Stuten, welche sich nicht reiten lassen, aus Ermangelung einer besseren Alternative zu züchten. Es hat schon seinen Grund, warum es ein paar Jahrhunderte gedauert hat, bis man zuverlässige Reitpferde gezüchtet hat. Da muss man den Zuchterfolg nicht mit ungewöhnlich schwierigen Pferden rückgängig machen. An den daraus resultierenden Fohlen hat man in den meisten Fällen so und so keine Freude. Viel mehr Spaß macht es doch beeindruckend leistungsstarke Charakter zu züchten, und sich daran zu freuen, wenn diese an die nächste Generation weitergegeben werden.

Situationsbezogene Charakterunterschiede

Besonders beschäftigen uns in unseren momentanen Studien solche Pferde, welche situationsbezogen unterschiedliche Charakterzüge zeigen. So ist ein Pferd zum Beispiel in der Box besonders aggressiv, aber unter dem Reiter ganz brav und umgekehrt. Ich kannte ein hervorragendes und sehr rittiges Vielseitigkeitspferd, welches Menschen in der Box mit gebleckten Zähnen empfing und sich auch auf der Weide ungewöhnlich aggressiv zu anderen Pferden verhielt. Zusätzlich kristallisiert sich in den aktuellen Studien unserer Arbeitsgruppe immer mehr heraus, dass sich Charakterzüge in Gruppentest Situationen zwar nicht prinzipiell von denen in Einzeltests unterscheiden, aber im Einzeltest viel stärker zum Tragen kommen. Manche Pferde zeigen sich, zum Beispiel, wenn sie einzeln mit fremden Objekten konfrontiert werden ganz mutig, aber in der Gruppe verstecken sie sich lieber hinter den anderen. Die menschliche Persönlichkeitsforschung schiebt dies darauf, dass Persönlichkeiten erst richtig zum Tragen kommen, wenn den Individuen dazu die Gelegenheit gegeben wird. So mag es in einer Gruppe festgelegt sein, wer die Initiative in der Erkundung neuer Dinge übernimmt. Ist diese Person / dieses Pferd jedoch verhindert, so zeigt sich ein anderer vielleicht genauso mutig. Anders herum finden manche Pferde erst in der Gruppe, die Möglichkeit sich vorsichtig hinter anderen zu verstecken.

Generell wird die Bedeutung der Charaktere bei Freizeit- und bei Sportpferden gerne unterschätzt. Nehmen Sie sich die Zeit wenn sei ein neues Pferd kaufen gerade dessen Interieur genau unter die Lupe zu nehmen.

Praktische Tipps:

- **Die Persönlichkeit eines Pferdes ist genauso wichtig wie seine körperliche Leistungsfähigkeit. Deshalb sollten die Züchter ihm viel Augenmerk angedeihen lassen.**
- **Hengste und Stuten setzen sich unterschiedlich in der Vererbung von Charaktermerkmalen durch. Es ist deshalb wichtig sich vor dem Decken, auch über die Interieur Merkmale von Hengst und Stute kundig zu machen.**
- **Es ist zweifelhaft mit Pferden zu züchten, welche sich kaum reiten lassen oder im Umgang problematisch sind. Die Wahrscheinlichkeit, dass sie dies vererben, ist recht hoch. Daraus resultieren gerne hübsche Fohlen, welche später unreitbar sind.**
- **Wenn Sie ein Pferd kaufen, testen Sie es auf alle Merkmale, die Ihnen wichtig sind. Da Pferde sich in ihren Charakteren stark unterscheiden, ist es noch lange nicht gesagt, dass sich ein Pferd welches im Umgang recht brav ist, auch reiten lässt.**
- **Es ist sinnvoll alle Zuchttiere einer Leistungsprüfung zu unterziehen, denn nur hier offenbart sich ihre wirkliche Eignung zum Reit- und Turnierpferd.**

Weiterführende Literatur:

Bergmüller R (2010) Animal Personality and Behavioural Syndromes. In: Kappeler P (ed) Animal Behaviour - Evolution and Mechanisms. Springer, Heidelberg, pp 587–621.

Drent PJ, van Oers K, van Noordwijk AJ (2003) Realized heritability of personalities in the great tit (Parus major). Proc Biol Sci 270, 45–51. doi: 10.1098/rspb.2002.2168

Hausberger M, Bruderer C, Le Scolan N, Pierre J-S (2004) Interplay between environmental and genetic factors in temperament/personality traits in horses (Equus caballus). J Comp Psychol 118, 434–446. doi: 10.1037/0735-7036.118.4.434

Lloyd AS, Martin JE, Bornett-Gauci HLI, Wilkinson RG (2007) Evaluation of a novel method of horse personality assessment: Rater-agreement and links to behaviour. Appl Anim Behav Sci 105, 205–222. doi: 10.1016/j.applanim.2006.05.017

Lloyd AS, Martin JE, Bornett-Gauci HLI, Wilkinson RG (2008) Horse personality: Variation between breeds. Appl Anim Behav Sci 112, 369–383. doi: 10.1016/j.applanim.2007.08.010

Wolf M, van Doorn GS, Leimar O, Weissing FJ (2007) Life-history trade-offs favour the evolution of animal personalities. Nature 447, 581–584. doi: 10.1038/nature05835

Gedächtnis der Pferde

Im täglichen Umgang mit unseren Pferden oder im Training ergeben sich oft Zusammenhänge, welche sich das Pferd merken muss oder sollte. Dabei stellen sich sofort einige Fragen. Zum Beispiel wäre es gut zu wissen wie lange sich ein Pferd einen Zusammenhang zwischen zwei Ereignissen, wie zum Beispiel eine gelungene Dressurlektion und eine Belohnung derselben, merken kann. Wie lange können Pferde sich Erlerntes überhaupt merken und wie lang können sie sich an Menschen, andere Pferde oder ihren Stall erinnern. All diese Leistungen verlangen entweder ein Kurzzeit- oder ein Langzeitgedächtnis. Wie sieht es denn mit den Gedächtnisleistungen der Pferde aus?

Gedächtnis, wie funktioniert das?

Wie die meisten Säugetiere verfügt das Pferd über ein Kurzzeit- und ein Langzeitgedächtnis. Sinneseindrücke, Erfahrungen oder Erlerntes werden im Kurzzeitgedächtnis abgespeichert. Die gespeicherten Informationen sind sofort wieder zugängig und machen dem Pferd eine schnelle Reaktion auf vorangegangene Erfahrungen oder deren Bewertung möglich. Informationen, welche sich als irrelevant herausstellen, werden einfach wieder vergessen. Andere Erinnerungen stellen sich jedoch als wichtig heraus, oder lassen sich mit anderen Erfahrungen verknüpfen, und werden im Langzeitgedächtnis abgespeichert. Ob und wie diese Erinnerungen nun vom Kurzzeitgedächtnis ins Langzeitgedächtnis übertragen werden, oder ob es sich um zwei völlig getrennte Speicher- und Bearbeitungsmechanismen handelt, ist immer noch nicht ganz geklärt. Wichtig für die Speicherung im Langzeitgedächtnis scheint allerdings eine mehrfache Wiederholung der Informationen zu sein.

Das Gedächtnis des Pferdes unterscheidet sich also prinzipiell nicht von dem der Menschen und anderer Tiere. Allerdings ist die Frage, ob es auch die gleiche Leistungsfähigkeit zeigt. Es bleibt noch zu klären wie lang Informationen im Kurzeit- und im Langzeitgedächtnis für das Pferd zugängig sind, sprich, wie lang kann es sich denn erinnern.

Kurzeitgedächtnis

Fangen wir mit dem Kurzzeitgedächtnis an. Sie selber haben sicher schon einmal von Ihrem Reitlehrer oder Trainer gehört, dass Sie positives Betragen Ihres Pferdes sofort belohnen, oder auf Unarten sofort reagieren sollten, denn sonst würde das Pferd keinen Zusammenhang mehr zwischen ihrer Belohnung und seinem Verhalten sehen. Ihr Trainer hat recht! Denn Pferde und auch viele andere Tiere können nur über eine kurze Zeitspanne einen Zusammenhang zwischen zwei aufeinanderfolgende Ereignisse erkennen. Sollte das Pferd inzwischen zusätzlicher Erfahrungen machen, oder den Ort wechseln, wird es noch schwieriger mit der korrekten Verknüpfung von zwei Sachverhalten. Und wie groß soll die Zeitspanne der Kurzzeiterinnerung sein? Nun, die Forschung attestiert Pferden ein miserables Kurzzeitgedächtnis. In der Arbeit von McLean und Kollegen (2004) konnten sich Pferde schon nach **10 Sekunden** nicht mehr daran erinnern, in welchen von zwei Eimern Futter geschüttet wurde. Viele Forscher halten diese Zeitangabe jedoch für zu kurz, und weisen berechtigterweise darauf hin, dass in diesem Versuch vielleicht nicht die Gedächtnisleistung, sondern eher die Motivation an einem Futterversuch teilzunehmen untersucht wurde.

Belohnung bitte sofort!

In Übereinstimmung mit den Berichten anderer Forschern haben wir in eigenen Versuchen starke individuelle Abweichungen für Erinnerungsleistungen an gerade Erlerntes gesehen.. Die Zeitspanne erstreckte sich bei einigen wenigen Pferden bis auf 2 Minuten. Es ist jedoch ganz wichtig zu realisieren, dass diese Zeitspanne trotzdem im Vergleich zum Menschen sehr kurz ist. Und genau aus der Unkenntnis dieser Tatsache heraus resultiert das Missverständnis einiger Reiter, welche vom Pferd absteigen, nachdem es sich „daneben benommen" hat, es in den Stall bringen und dort bestrafen. Das bringt jedoch überhaupt nichts, außer vielleicht, dass diese Reiter das Vertrauen ihrer Pferde verlieren. Die dem Pferd bewusste Situation in der Reithalle ist schon lange vorbei, und inzwischen sind noch einige andere Dinge passiert. Zusätzlich befindet sich das Pferd in einer anderen Umgebung. Deshalb kommt die Strafe in der Box für das Pferd wie der Blitz aus heiterem Himmel. Es kann überhaupt keinen Zusammenhang mehr zu seinem Verhalten in der Reitbahn sehen. Deshalb möchte ich hier noch einmal eine Lanze dafür brechen Belohnungen und wenn nötig Strafen sofort und im gleichen Kontext zu geben.

Phänomenales Langzeitgedächtnis

Kommen wir zum Langzeitgedächtnis der Pferde, denn das ist wirklich phänomenal gut. Oft schon wurde uns die Frage gestellt, ob Pferde ihre Besitzer, andere Pferde, oder ihren Stall nach langjähriger Trennung wohl wieder erkennen würden. Etliche Fallbeispiele sprachen schon lange dafür. Zum Beispiel setzte Professor Bernhard Grzimek kurz nach dem Zweiten Weltkrieg polnische Araber viele Kilometer von ihren Heimatställen entfern aus. Sie fanden alle wieder nach Hause zurück, manchmal auch erst nach mehreren Wochen. Doch erst im April dieses Jahres wurde eine fundierte wissenschaftliche Studie zum Thema „Langzeitgedächtnis der Pferde" veröffentlicht. Evelyn Hanggi gelang das Meisterstück. Sie arbeitet in den Vereinigten Staaten von Amerika in einem eigenen kleinen Trainingscenter, in welchem sie zusätzlich eine kleine aber feine Station zur Erforschung der mentalen Leistungsfähigkeit der Pferde unterhält. Hier arbeitet sie nun seit Jahre daran darzustellen, dass Pferde sich an Erlerntes erinnern, dass sie Objekte in Kategorien einordnen, und dass sie Konzepte, wie zum Beispiel „wähle immer das größere Objekt aus", verstehen und generalisieren, sprich auf andere Objekte übertragen können. Die gleichen Pferde, welche die Lerninhalte bereits vor sieben, neun und zehn Jahren verinnerlicht hatten, konnten ohne erneute Wiederholungen die erlernten Kategorisierungen und Generalisierungen erfolgreich anwenden und sogar auf zuvor unbekannte Objekte übertragen.

Erinnerungen an alte Zeiten?

Pferde erinnern sich also wirklich sehr lange und sehr präzise. Dies mag damit zusammenhängen, dass zuverlässige Fähigkeiten zur Kategorisierung von Objekten und von Zusammenhängen für das Fluchttier Pferd lebenswichtig sind. In der Natur kann eine falsche Einschätzung von Hinweisen auf ein Raubtier, auf schlechte Bodenbeschaffenheiten oder gefährliche Orte verhängnisvoll sein. Leider gibt es jedoch noch keine gezielten Studien zum Thema Erinnerung an Person und andere Pferde. Ich vermute jedoch, dass es genauso gut und genau funktioniert. Soziale Zusammenhänge haben im Leben der Pferde einen sehr hohen Stellenwert und Pferde müssen sich über lange Zeit an Gruppenmitglieder erinnern können. Denn Forschungen der letzten Jahre zeigen immer wieder unvermutet viel Flexibilität in der Gruppenstruktur wild lebender Pferde. Jungtiere wechseln im Alter zwischen 3 und 5 Jahren generell zu einer anderen Gruppe. Aber auch bei älteren Pferden, sowohl Hengsten als auch Stuten wird immer wieder beobachtet, dass sie sich anderen Gruppen anschließen. Deswegen gehen wir von einer sehr guten Gedächtnisleistung der Pferde an soziale Dinge aus. Es ist zu vermuten, dass sie sich an Menschen und andere Pferde mindestens genauso gut erinnern können wie an Objekte und deren Kategorisierung.

„Was Hänschen nicht lernt, ..."

„Was Hänschen nicht lernt, das lernt Hans nimmer mehr". Ein weiser Spruch, und er trifft auch auf Pferde zu. Momentane Studien zum Lernverhalten der Pferde zeigen immer deutlicher auf, dass Pferde wie auch Menschen und viele andere Tiere besonders leicht im Jungen Alter lernen. Dies betrifft beim Pferd in etwa die Spanne bis zum 7. Lebensjahr. Kein Wunder, dass Pferde beim Militär vergangener Zeiten bis zum 7. Lebensjahr als Remonten galten. In dieser Zeit ist es besonders fruchtbar mit Pferden zu arbeiten, allerdings sollte man dies mit Bedacht tun, denn Erlerntes in dieser Lebensphase sitzt ein Leben lang. Inwiefern das leichtere Lernen mit einer höheren Motivation zu lernen, oder einer besseren Gedächtnisleistung zu tu hat ist bis dato nicht klar, und sicher ein lohnendes Ziel zukünftiger Forschungen.

Bildbeschreibung.

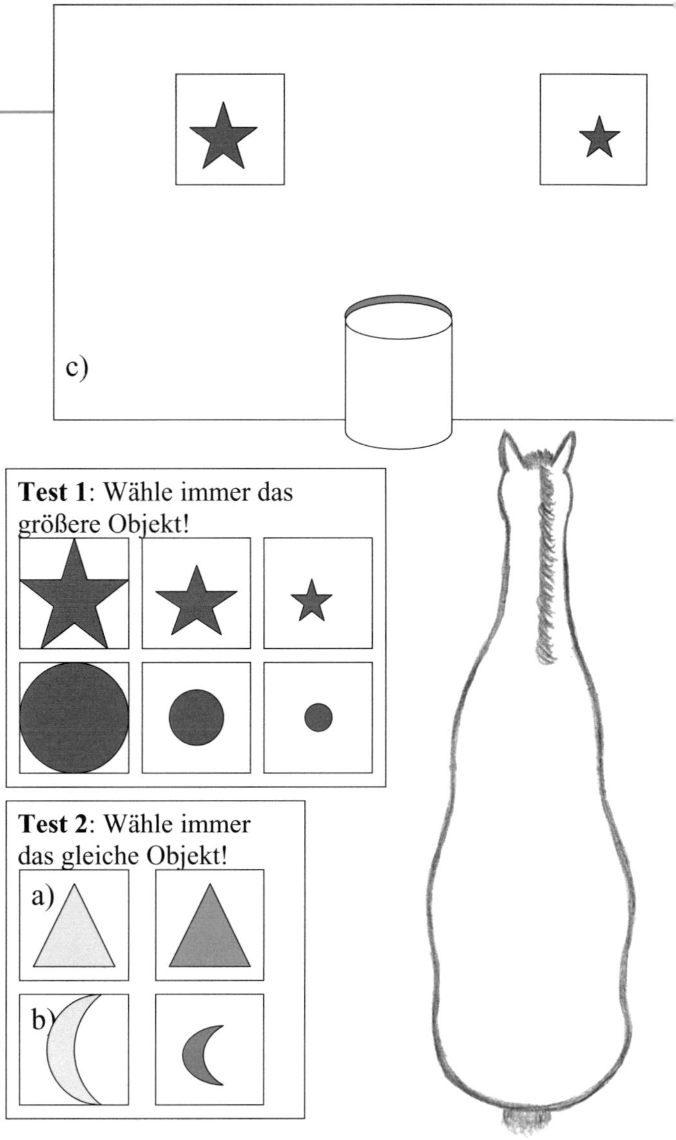

Dies ist ein schematisiertes Beispiel für die Aufgaben, welche Evelyn Hanggi ihren Pferden für ihre Generalisierungs- und Kategorisierungsstudien stellte. Zum Beispiel lernten Pferde, immer das größere von zwei Objekten auszuwählen. Wenn sie dies beherrschten, wurde ihnen ein noch größeres Bild vom identischen Objekt vorgesetzt. Falls sie das Prinzip: „Wähle immer das Größere!“ verstanden hatten, dann würden sie jetzt nicht mehr das ehemals größere, sondern das neue größere Objekt aussuchen. In einem weiteren Test lernten andere Pferde immer das gleiche Objekt auszuwählen, gleichgültig, ob es a) einen andere Farbe oder b) eine unterschiedliche Größe hatte. So wurde untersucht, ob Pferde ähnliche Objekte einer Kategorie zuordnen können (z. B.: Kategorie Dreieck, Viereck etc.). Den Pferden wurden an eine Tafel (im Bild: c) die entsprechenden Objekte anhand zweier Computer Touchscreens vorgespielt. Wenn sie mit der Nase auf das korrekte Bild drückten, bekamen sie aus dem Futtertrog in der Mitte eine Belohnung. Tatsächlich lernten Sie beide Aufgaben perfekt!

Praktische Tipps

- Rechnen Sie mit dem schlechten Kurzzeitgedächtnis der Pferde. Belohnen und Strafen Sie Ihr Pferd immer sofort, sonst erkennte es keinen Zusammenhang mehr zwischen Ursache und Wirkung.
- Wiederholen Sie Lernschritte oft und in kleinen Schritten. Es braucht zum Teil lange, bis sich Erlerntes im Langzeitgedächtnis abspeichert.
- Früher Erfahrungen sitzen beim Pferd tief und werden lange nicht vergessen. Dies können Sie sich für gute Trainingserfolge in jungem Alter zunutze machen.
- Seien Sie vorsichtig, auch schlechte Erfahrungen bleiben lange haften und werden Ihre Beziehung zum Pferd und etwaige Trainingsinhalte lange beeinflussen.

Literatur zum Thema:

Hanggi EB, Ingersoll JF (2009) Long-term memory for categories and concepts in horses (Equus caballus). Anim Cogn 13, 451–462. doi: 10.1007/s10071-008-0205-9

McLean AN (2004) Short-term spatial memory in the domestic horse. Appl Anim Behav Sci 85, 93–105. doi: 10.1016/j.applanim.2003.09.009

Murphy J, Arkins S (2007) Equine learning behaviour. Behav Process 76, 1–13. doi: 10.1016/j.beproc.2006.06.009

Koppen, Weben, Steigen und Co
Die Untugenden des Pferdes

Die Untugenden des Pferdes werden in der Fachsprache Stereotypien genannt. Diese Worte versinnbildlichen hervorragend, worum es sich hierbei handelt, nämlich um stereotyp wiederholte Bewegungen, welche Minuten, bis sogar Stunden lang immer in derselben monotonen Bewegungsform durchgeführt werden und meist keine spontan erkennbare Ursache haben. Im Deutschen hätte man sie nicht Untugenden genannt, wenn Stereotypien nicht höchst unwillkommen wären. Einerseits können Pferde selber auf lange Sicht ernsthaft Schaden von diesen Untugenden nehmen. Anderseits können Untugenden im Umgang und beim Reiten der Pferde recht lästig sein. Im Extremfall werden Pferde in der Folge ernsthaft krank und / oder unbrauchbar für den Reitsport. Verschiedene Untugenden sind seit Langem bekannt und werden in der Wissenschaft von vielen Arbeitsgruppen weltweit untersucht. Zunächst möchte ich sie erst einmal kurz beschreiben und dann auf Ursachen, Wirkung und Gegenmaßnahmen eingehen. Fangen wir mit den „echten" Stereotypien oder Untugenden wie Koppen, Weben, Kreisrennen und Barrenwetzen an und kommen dann zu den Unarten Kopfschütteln „Headshaking", Zungenspielen, Steigen, Bocken und Gurtzwang.

Koppen

Hier ist zunächst einmal das Koppen zu nennen. So genannte „Kopper" haben entdeckt, dass sie Luft abschlucken können. Manche Pferde beißen zum Koppen auf hervorstehenden Kanten, wie zum Beispiel Tränken, prominente Latten, oder Futterkrippen und werden deshalb umgangssprachlich „Krippensetzer" genannt. Auf der Weide setzen viele Krippensetzer sogar auf Zäunen und Pfosten auf. Hierbei beißen Pferde in jeden gebotenen Vorsprung, lassen sich etwas nach hinten kippen und eröffnen so ihren Schlundkopf, welches das Abschlucken der Luft ermöglicht. Schließlich gibt es noch die Künstler unter den Koppern, welche sogar ohne aufzusetzen Luft abschlucken könne und deshalb „Freikopper" genannt werden.

Weben

Bei der Unart des Webens stehen Pferde in ihrer Box und bewegen sich stundenlang monoton von einem Vorderfuß auf den anderen. Die Hinterhand bleibt in der Regel stehen und das Pferd verlagert im Wechsel sein Gewicht zwischen den beiden Vorderfüßen. Die meisten Pferde weben nur in der Box, es gibt aber auch Fälle, in denen Pferde sich auf der Weide vor eine Barriere stellen und weben. In einem bekannten Reitstall wurde vor vielen Jahren einmal versucht einen Weber zu hindern, indem man einen Pfosten in die Mitte der Box montiert hat. Das Pferd löste dieses Problem, indem es um den Pfosten herum webte, was natürlich noch viel schlimmer war, da nun auch noch eine monotone Kippbewegung auf die Hinterhand dazu kam. Der Pfosten wurde dann ganz schnell wieder demontiert.

Barrenwetzen

Beim Barrenwetzen setzen Pferde entweder auf der Futterkrippe oder an den Gitterstäben ihrer Box auf und reiben (wetzen) ihre Schneidezähne darauf hin und her. Dies Verhalten wird meist nur in der Box beobachtet und manchmal vermehrt zur Futterzeit.

Kreisrennen

Kreisrennen ist auch eine üble Marotte. Wir hatten einmal eine Stute, welche zur Futterzeit, oder wenn andere Pferde auf die Weide gebracht wurden, und sie in der Box bleiben sollte, stundenlang in ihrer Box im Kreis rannte. Auch auf der Weide rannte sie, wenn es Grund zur Aufregung gab, oder sie alleine draußen bleiben sollte am Zaun auf und ab, wie der sprichwörtliche Tiger im Käfig.

Kopfschütteln „Headshaking“

Headshaking ist ein sehr komplexes Phänomen, wobei die Tiermedizin davon ausgeht, dass es sich hierbei nicht nur um eine Untugend handelt, sondern dem Ganzen ein Krankheitsprozess oder ein Trauma zugrunde liegt. Oft fangen betroffene Pferde von heute auf morgen an, ihren Kopf stereotyp vertikal zu schütteln. Dies ist nicht vergleichbar mit einem gelegentlichen vertikalen Schnicken, welches manche Pferde zeigen, wenn sie eine Fliege abwehren. Headshaker hören gar nicht mehr auf zu schütteln. Meist tritt das Verhalten unter dem Reiter auf und führt in vielen Fällen zur Unreitbarkeit des Pferdes. Nur wenige Pferde zeigen es auch frei, ohne Reiter. Jedoch im Gegensatz zu vielen „Untugenden“ leiden Headshaker ernsthaft unter ihrem Syndrom. Viele Headshaker zeigen unabhängig vom Schütteln noch andere Schmerzsymptome, wie zum Beispiel gekräuselte Nüsternpartien und zusammengekniffene Augen. Oft kommt es auch vor, dass solche Pferde ausgesprochen Licht empfindlich sind und hysterisch auf Fliegen am Kopf reagieren, was den Eindruck verstärkt, dass sie unter starken Kopfschmerzen leiden.

Zungenspielen

Manche Pferde strecken ihre Zunge zur Seite aus dem Maul raus, sperren das Maul auf und rollen die Zunge, oder lassen sie einfach heraushängen. Oft sieht man dies unter dem Reiter. Hier wird das Herausstrecken der Zunge oft von einer harten Reiterhand ausgelöst. Anstatt den Druck des Gebisses ungeschützt auf den Unterkiefer Laden ertragen zu müssen, schieben sich manche Pferde die Zunge als Pölsterchen unter das Gebiss. Meist schaut die Zunge dabei seitlich aus dem Maul heraus. Einige Pferde spielen jedoch auch auf der Weide mit der Zunge. Dies hat sicher einen anderen Hintergrund, als das Zunge herausstrecken unter dem Reiter. In den meisten Fällen ist diesen Pferden schlichtweg langweilig. Ein extremer Fall ist mir bekannt bei dem eine zungenspielende Stute sogar regelmäßig Sonnenbrand auf der Zunge bekam, ihre Zunge aber trotzdem nicht herein nahm.

Steigen, Bocken, Gurtzwang

Die letzten drei Kategorien kann man nicht als „echte" Untugenden im Sinne einer Stereotypie bezeichnen, weil sie nicht stereotyp, sinnlos wiederholt werden. Vielmehr reagieren Pferde hier ganz gezielt auf Bedingungen, welche ihnen Unwohlsein verursacht haben. Aber auch das kann sehr lästig sein. Pferde haben diese Reaktion nicht bewusst im Griff, was dazu führt, dass sie den kleinen Ausbruch auch bei Strafe nicht abstellen können. Und eventuell verlieren Pferde die Angewohnheiten ihr Leben lang nicht. So gibt es zum Beispiel Pferde die beim Aufsteigen oder unterm Reiten wiederholt steigen oder bocken. Oft wird dies durch Stress Situationen, wie zum Beispiel auf dem Turnier, noch verstärkt. Gelegentlich sieht man Dressur- oder Springpferde welche beim Einreiten in den Prüfungsbereich steigen, und im Rennsport kommt es häufig vor, dass Pferde in der Startbox steigen, und dann nicht mehr aus ihr heraus zu treiben sind. Ähnliches habe ich auch schon bei einem Vielseitigkeitspferd erlebt. Bei diesem Pferd war das Verhalten sogar an die optische Erscheinung der Startbox gekoppelt, denn auf einem Turnier löste sich das Pferd schließlich aus der Startbox und absolvierte die Geländestrecke ganz passabel, bis die Strecke dann wieder an der Startbox vorbeiführte, und es nun neben der Startbox stieg und nicht mehr dazu zu bewegen war die Prüfung fortzusetzen.

Gurtzwang gehört auch zu dieser Kategorie. Oft entsteht es wenn junge Pferde nicht langsam an den Sattel gewöhnt, sondern dieser plötzlich einfach festgezogen wurde. Pferde mit Gurtzwang reagieren mit Panik, wenn der Sattelgurt geschlossen wird. Einige steigen oder bocken, andere rennen los, oder lassen sich gar fallen. Besonders die letzte Kategorie des Fallenlassens kann für den unvorbereiteten Reiter wirklich gefährlich werden, denn nicht selten kommt es vor, dass der Reiter, welcher vom Boden den Gurt angezogen hat dann unterm Pferd begraben wird, oder wenn er von oben nachgurtet mit dem Pferd stürzt. Auch dieses Problemchen bleibt Ihnen meist zeitlebens. Persönlich kenne ich nur ein einziges Pferd, welches seinen Gurtzwang überwunden hat.

Wie entstehen Untugenden?

Die häufigsten Fragen, welche uns in Sachen Untugenden bei Pferden gestellt werden sind die ob Pferd sie abschauen, sprich erlernen können, oder ob es sogar eine genetische Prädisposition für bestimmte Untugenden gibt, sprich manche Pferde sie sozusagen ererben.
Die Fragen kann ich mit einem klaren „Jein“ beantworten! Denn ganz generell liegt Stereotypien eigentlich immer ein Problem mit der Haltung oder dem Reiten zugrunde.

Artgerechte Aufzucht?

Manchmal kommt es schon in der Aufzucht zu gravierenden Fehlern. Machen Pferde wurden zum Beispiel einzeln aufgezogen und leiden nun unter massiver Isolationsangst. Dies war auch bei unserer Stute welche in der Box und auf der Weide im Kreis rannte der Fall. Das Verhalten wurde immer ausgelöst, wenn sie von anderen Pferden getrennt oder kurze Zeit im Stall alleine sein sollte.

Auslauf muss sein!

Der häufigste Haltungsfehler, welcher zu Untugenden führt, ist jedoch Bewegungsmangel. Haben Pferde zu wenig Bewegung, so gleichen sie das auch in der Box aus, indem sie zum Beispiel weben oder im Kreis rennen. Besonders Sportpferde im Ruhestand, welche es gewohnt sind viel Bewegung und Auslauf zu erhalten oder Pferde, welche von Auslaufhaltung auf reine Boxenhaltung umgestellt werden, sind hierfür gefährdet. Generell sollte jedes Pferd einige Stunden am Tag Auslauf mit Sozialkontakt erhalten. Am besten in Gesellschaft, wenn es gar nicht anders geht, mit einem Nachbar auf angrenzenden Weiden oder Paddocks. Den ganzen Tag im Stall zu stehen verlangt nicht nur nach körperlichem Ausgleich, es ist auch ganz einfach furchtbar langweilig. Kein Wunder, dass sich da so manch ein Pferd eine interessante „Nebenbeschäftigung", wie zum Beispiel Koppen, Weben, Barrenwetzen usw. zulegt.

Raufutter gegen Langeweile

Langeweile kommt auch auf, wenn die Malzeit der Pferde zu einem großen Teil aus Kraftfutter und nur wenig Heu besteht. Mit der Kraftfutteraufnahme sind die meisten Pferde nach etwa 20 Minuten fertig, wohingegen Pferde in der freien Natur bis zu 16 Stunden am Tag grasen, allerdings häufig auf recht mageren Böden. Leider können wir das Grasen auf kargen Böden in der mitteleuropäische Stallhaltung nur mäßig ausgleichen, denn schon auf den meisten gut gedüngten Weiden ist unser Gras eigentlich viel zu nährstoffhaltig für Pferde. Es wird jedoch immer wieder dazu geraten Pferden mindestens dreimal am Tag Raufutter, sprich Heu und eventuell auch Stroh, vorzulegen (Zeitler-Feicht 2008). Aber Vorsicht mit dem Stroh, füttern Sie nicht zu große Mengen! Denn gerade gelangweilte Pferde fressen sich mit Stroh schnell mal eine Verstopfungskolik an. Vorteilhafter ist es Heu aus einem späten ersten Schnitt zu verfüttern, denn mit den etwas härteren Stängeln sind Pferde einfach länger beschäftigt.

Stereotypien machen „glücklich"

Bei einigen Stereotypien, wie zum Beispiel Koppen und Weben schüttet der Körper des Pferdes „Glückshormone" (endogene Morphine) aus. Was Pferde, wenn sie den Mechanismus erst einmal entdeckt haben regelrecht süchtig auf Koppen und Weben macht. Anderseits lindern die Glückshormone Stress. Tatsächlich wurde in einer aktuellen wissenschaftlichen Studie dargestellt, dass Kopper ihre Herzfrequenz reduzieren, und auch sonst in Stress Situationen mit einem geringeren Anstieg der Herzfrequenz reagieren (Clegg et al. 2008). Denn Stress wird durch Haltungsmängeln oder andere Faktoren ausgelöst und ist eine der Hauptursache für Untugenden. Pferde können zum Beispiel auch Stress bei der Arbeit haben, wenn sich Pferde dem Reiter hilflos ausgeliefert (das so genannte „learned helplessness syndrome"), oder ihrer Aufgabe nicht gewachsen fühlen. Stress wird natürlich auch bei wiederholten oder dauerhaften Schmerzen erlebt. So haben viele Kopper Magengeschwüre (Nicol et al. 2002). Wobei man sich noch nicht ganz sicher ist, ob die Magengeschwüre schon manifest waren, bevor die jeweiligen Pferde anfingen zu koppen, oder ob sie sekundär zum Koppen entstanden sind.

Reaktion auf falsches Reiten

Besonders die Untugenden, welche nicht zu den „echten Stereotypien“ zählen, werden oft von zu hartem oder unsachgemäßem Reiten ausgelöst. Ganz klar ist dies der Fall bei Steigern, Bockern und bei Pferden mit Sattelzwang. Diese Tiere haben zumeist eine traumatische Erfahrung oder eine dauerhafte Überlastung beim Reiten oder Satteln erlebt. Man sollte auch ernsthaft der Frage nachgehen, ob Steiger und Bocker Schmerzen beim Reiten haben. Dies kann zum Beispiel durch ein chronisches Gelenk- oder Rücken-Problem, oder durch unpassendes Sattelzeug verursacht worden sein. In einer anstrengenden Situation, wie etwa auf dem Turnier, wird der Schmerz dann schier unerträglich und das Pferd geht in die Luft. Auf jeden Fall sollte man deshalb bei Steigern und Bockern einen Tierarzt zurate ziehen. Dasselbe gilt auch für Headshaker. Obwohl der Fall hier nicht ganz so einfach liegt. Lange Zeit tappte die Wissenschaft bei der Suche nach den Auslösern für Headshaking ziemlich im Dunkeln. So hat man zum Beispiel nach entzündlichen Prozessen im Nasenbereich gesucht, und ist nur mäßig fündig geworden. Heute geht man davon aus, dass Headshaking von einem Nervenleiden im Kopfbereich ausgelöst wird. Diese kann durch ein Trauma, sprich ein Sturz, Festhängen am Halfter oder Ähnliches, durch eine Infektion oder aber durch Reiten in zu enger Genickstellung ausgelöst werden. Oft haben diese Pferde ein Schädel-Hals-Syndrom, sprich eine Instabilität im Bereich der ersten Halswirbel.

Können sich Pferde Untugenden abschauen?

Ganz zu Anfang des Berichtes kam die Frage auf, ob Untugenden von anderen Pferden abgeschaut werden können. Bis jetzt habe ich mich um die Beantwortung der Frage gedrückt. Denn viele Tierärzte gehen klar davon aus, das Pferd Untugenden nicht abschauen können. Doch gerade in letzter Zeit kamen diesbezüglich Zweifel auf. So ganz eindeutig lässt sich das nämlich nicht verneinen.

Ich denke beim Koppen ist die Sache klar. Hier kann man sicher eindeutig behaupten, dass dieses komplexe Verhalten nicht durch Abschauen erlernt werden kann. Pferde können das Aufsetzen nachahmen, doch wie man dabei den Schlundkopf öffnet und Luft abschluckt, sehen sie ja nicht. Wir haben selber einen Kopper im Stall, und ich habe schon oft beobachtet, dass sich eine andere Stute zu ihr gesellt und auch ins Holz biss. Jedoch hat sie nie „gelernt“ Luft abzuschlucken.

Dass sich Pferde Weben, Kreisrennen und Barrenwetzen abschauen ist, denke ich, ebenfalls unwahrscheinlich, da es aus dem dringenden Drang Bewegungsmangel oder Langeweile zu kompensieren entsteht. Pferde, die keinen Bewegungsmangel

haben werden wohl auch nicht weben oder im Kreis rennen, und Pferde, welche sich nicht langweilen, werden ihre Zähne nicht an der Krippe oder an Stangen malträtieren. Es macht wenig Sinn für sie. Eher fangen mehrere Pferde, welche zur gleichen Zeit unter den gleichen Haltungsproblemen leiden zufällig gleichzeitig mit der gleichen Unart an.
Beim Zungenspielen bin ich mir nicht ganz so sicher, ob es nicht doch erlernt werden kann. So kannte ich zum Beispiel, eine Zungen spielende Stute, deren gesamten Nachkommen ebenfalls mit der Zunge spielten. Allerdings zeigte die Stute das Zungenspielen auch nicht unter dem Reiter, um sich etwa ein extra Pölsterchen gegen eine harte oder einseitige Hand zu beschaffen, sondern auf der Weide, wenn sie sich anderen Pferden annäherte. Und genau so zeigten es dann auch ihre Nachkommen. Sie liefen auf ein anderes Pferd oder einen Menschen zu und streckten die Zunge zur Seite heraus. Vielleicht haben sie es tatsächlich von ihrer Mutter als Teil ihres „Sozialverhaltens“ übernommen.

Genetische Veranlagungen?

Damit kommen wir auch schon zur Frage, ob Untugenden vielleicht vererbt werden. Die Antwort hierauf ist „nein“. Denn die äußeren Einflüsse spielen bei der Entstehung von Untugenden eine ganz entscheidende Rolle. Jedoch können natürlich Grundcharakterzüge vererbt werden. Besonders empfindsame Tiere können dies auf ihre Nachkommen weitergeben. Und unter identischen äußeren Bedingungen würden diese eventuell auch mit einer Untugend reagieren.

Machen Untugenden krank?

Schon mehrfach habe ich nun darauf hingewiesen, dass Untugenden scheinbar das Unwohlsein der Pferde kompensiert. Deshalb stellt sich die berechtigte Frage ob Pferde durch die Untugenden überhaupt Schaden nehmen. Sind Untugenden nur eine Anpassung auf schwierige Lebensbedingungen und bereiten mehr uns als dem Pferd Unbehagen? Nun, auf diese Frage gibt es eine eindeutige Antwort. Sie lautete „nein“! Jedoch nehmen Pferde von Untugenden auf lange Sicht Schaden, welches sich für jede Untugend unterschiedlich manifestiert.
Fangen wir mit dem Koppen an. Einerseits können durch das Luftabschlucken an sich Koliken entstehen, wenn diese Pferde einen permanenten Blähbauch haben. Junge Kopper zeigen jedoch oft zunächst wenige Beschwerden, doch nutzten sich durch das ständige Aufsetzen die Schneidezähne rasant schnell ab. Gleiches gilt natürlich auch für Barrenwetzer, die sich permanent die Zähne an Futterkrippen

und Stangen abraspeln. Wegen der stark verkürzten Schneidezähne können sekundär Koliken entstehen, weil das Futter nicht richtig abgebissen, gekaut und schließlich verwertet wird. Erschwerend kommt hier noch hinzu, dass viele Kopper Magengeschwüre haben, und sowieso recht empfindlich auf die Futterqualität reagieren.

Kommen wir zum Weben und Kreisrennen. Hier stellt sich erst recht die Frage, ob die stereotypen Bewegungen nur den Besitzer stören, denn man könnte ja auch argumentieren, dass sich Pferde in der Box jede Menge Kondition „anweben" oder durch Rennen antrainieren. Letzteres mag auch der Fall sein, und tatsächlich passen sich die Muskeln, Sehnen, Bänder und Gelenke an die neuartige Belastung an. Doch Stereotypien bleiben immer selbstzerstörerisch! Das werden Sie dann feststellen, wenn Ihr Pferd (Weber oder Kreisrenner) einmal krank ist und eigentlich Ruhe benötigen würde, um zu genesen. Denn Untugenden lassen sich nicht abstellen, auch wenn das Pferd krank ist. In einem mir bekannten Fall hatte eine kreisrennende Stute einen Haarriss in einem der Knochen der Vorderhand. Da war die Kreativität der Besitzer dann richtig gefragt, um die Stute vom Kreisrennen abzuhalten.

Zusätzlich sind Weber und Kreisrenner auch deswegen recht unbeliebt, weil sie für das Pflegepersonal eine Herausforderung darstellen. An schlimmen Tagen pflügen sie ihre Box komplett um, und möchte man ihnen trotzdem eine gesunde Einstreu bieten, so muss diese meist täglich komplett ausgetauscht werden.

Untugenden als Herausforderung für den Reiter

Von einigen Unarten nehmen die Pferde direkt keinen Schaden, sondern eher der Reiter. Jedoch spiegeln „Headshaking", Zungenspielen, Steigen, Bocken und Gurtzwang die Unzufriedenheit der Pferde an den reiterlichen Fähigkeiten oder ihrem Sattelzeug wieder. Natürlich ist es schwierig, wenn die Unarten erst einmal zur Marotte geworden sind, dies wieder abzustellen. Doch anstatt sich so manch eine technische Raffinesse zu überlegen, wie man das Pferd an seiner Unart hindern kann, sollte der Reiter dies lieber als Kritik an sich ernst nehmen und überlegen, was er an sich selber ändern kann. Und hier sind wir direkt beim Thema:

Was kann man tun?

Hier erst einmal ein paar generelle Tipps:

- **Zuallererst gilt hier natürlich wie immer: Vorbeugen ist viel besser! Bieten Sie Ihrem Pferd eine artgerechte Haltung mit so viel sozial Kontakt und Auslauf wie möglich! Überprüfen Sie ständig das Sattelzeug auf Passgenauigkeit und Unversehrtheit, und arbeiten Sie an Ihren reiterlichen Fähigkeiten!**
- **Sofortiges Handeln ist gefragt! Sollte Ihr Pferd Zeichen einer Unart oder echten Stereotypie zeigen, warten Sie nicht lange, sondern unternehmen Sie gleich etwas. Ziehen Sie einen (oder mehrere!) Fachleute zurate und machen sich kundig was Sie für Ihr Pferd verbessern müssen und können. Hat sich die Stereotypie oder Unart erst einmal gefestigt, so müssen Sie meist mit ihr leben. Ganz wird sie nie wieder verschwinden.**
- **Strafen Sie Ihr Pferd nicht, wenn es Stereotypien zeigt. Damit steigern Sie seinen Stress noch, was oft dazu führt, dass es regelrecht hysterisch wird und sich die Bewegungsmonotonie noch verstärkt.**
- **Besonders bei den Unarten könne Sie zu Anfang manchmal noch viel erreichen, wenn Sie sich einfach Zeit lassen, eventuell mit den geforderten Übungen noch mal von vorne anfangen, schwierige Situationen Stück für Stück üben, und positives Verhalten mit Futter verstärken. Sie können versuchen, durch viel Belohnung und langsames gefühlvolles Training, das Wohlbefinden Ihres Pferdes zu steigern. Dies gilt zu Hause genau so wie auf dem Turnier.**
- **Für Probleme in Turniersituationen brauchen, Sie jedoch noch mehr Geduld. Hier hat sich bewährt, erst einmal zum Üben zu fremden Reitplätzen zu fahren und dann auf einem Turnier auf dem Abreiteplatz mit zu reiten. Bei stärkeren Problemen kommen Sie jedoch nicht darum herum, in der Prüfung direkt zu üben. Das braucht neben Geduld auch eine ganze Menge Fingerspitzengefühl. Es hat sich bewährt die Richter vorab schon zu informieren, dass dies nur ein Übungslauf ist. Dann können Sie ganz in Ruhe einreiten, und die Prüfung soweit absolvieren, wie es Ihr gutes Gefühl erlaubt, grüßen und ausreiten. Wir hatten selber einmal einen turniersauren Steiger. Mein Mann ritt**

sie nach Absprache mit den Richtern in den Springparcours ein, ritt ein paar Runden, und wenn sie ruhig war, sprang er auch ein paar Sprünge. Schon nach wenigen Turnieren konnte er ohne Schwierigkeiten den ganzen Parcours absolvieren. Das gab dann ein „Hallo", denn das talentierte Pferd legte ganz locker eine 0-Fehler-Runde hin, und da mein Mann schon für seine „Übungsrunden" bekannt war, hatte niemand mehr zugeschaut. Christine Stückelbergers Olympiapferd Granat war auch ein Steiger. Zwei Jahre lang ist er auf zwei Beinen mit ihr aus dem Viereck spaziert. Ich habe immer noch immensen Respekt vor ihr, dass sie da nicht aufgegeben hat. Aber sie glaubte an ihr Pferd. Manchmal ist sie schon Tage vor der Prüfung angereist, zeigte dem Pferd ausgiebig die Umgebung, übte auf den Plätzen und ist auch nach vielen Misserfolgen einfach immer wieder gekommen. Die Mühe hat sich gelohnt!

Spezielle Tipps für spezielle Fälle
Headshaker

Da wir gerade beim Thema Reiten sind, machen wir doch einfach mit „Headshakern" weiter. Möchte man dem Pferd wirklich helfen, denn Headshaker sind wirklich geplagt, so braucht es auch den Willen an sich zu arbeiten.

- Einerseits können Sie dem Headshaker sofort etwas Linderung verschaffen, indem Sie ihn bei starker Sonne oder bei vielen Fliegen in der Reithalle reiten.
- Außerdem hilft es oft Headshakern, einen Gaze-Fliegenschutz, oder Fliegen Bändel über die Nase zu ziehen. Da ihr Gesichtsnerv überreizt ist, hilft oft schon diese einfache mechanische Hilfe.
- Dann sollten Sie jeden Druck vom Genick des Pferdes fernhalten. Binden Sie den Headshaker so an, dass er sich nicht festhängen kann, und stellen den Nasenriemen der Trense ganz weit, denn der Genickriemen des Nasenriemens kann schmerzhaften Druck ausüben.
- Und nun kommt das Schwierigste: Nehmen Sie die Herausforderung an, und lernen Sie Ihr Pferd mit Kreuz und Schenkel zu reiten, sodass Sie auf die Einwirkung des Zügels verzichten können. Wir hatten einmal ein Pferd, welches sich erst später zum Headshaker entwickelte.

Er hatte zum Glück eine korrekte Grundausbildung und es war kein Problem ihn am langen oder sogar am durchhängenden Zügel zu reiten. Er war uns sehr dankbar dafür. Nach einiger Zeit konnte man ihn vorsichtig mit Kreuz und Schenkel versammeln und schließlich sogar wieder ganz normal reiten. Doch noch einige Jahre wurde er regelrecht hysterisch, wenn der Reiter am Zügel zog.

Koppen

Hat sich Koppen, Weben, Barrenwetzen erst einmal manifestiert, so werden Sie es in der Regel nicht mehr los. Viele Tiere können auch ganz problemlos damit leben. Trotzdem kann man manchmal noch etwas tun:

- **Zunächst können Sie aus der Box der Kopper alle hervorstehenden Gegenstände und Latten entfernen. Manchmal hilft das noch. Wir haben selber einmal einen Kopper jahrelang mit einer nur zum Füttern eingehängten Turnierfutterkrippe gefüttert. Er hat es zum Glück nie gelernt, irgendwo anders aufzusetzen.**
- **Es gibt im Handel erhältliche Kopperriemen, welche man um den Kehlkopf der Pferde schnürt. Die Erfolgsrate ist nicht sehr hoch, aber versuchen können Sie es. Allerdings ist es momentan im Gespräch ob Kopperriemen nicht doch tierschutzrelevant sind, wegen ihres geringen Nutzens und der doch recht massiven Behinderung des Pferdes.**
- **Schließlich kann man einen Kopper operieren lassen. Hierbei wird dem Kopper ein Muskel am Kehlkopf durchtrennt, sodass er den Schlundkopf nicht mehr aktiv öffnen kann.**

Gurtzwang

Pferde mit Gurtzwang brauchen viel Ruhe beim Satteln und aufsteigen.

- **Sattelgurt langsam Stück für Stück angurten, und das Pferd immer wieder dazwischen führen.**
- **Wenn das Pferd sich wirklich einmal fallen lässt, schnell den Gurt wieder öffnen.**
- **Versuchen Sie das Unwohlsein Ihres Pferdes zu lindern, indem Sie ihm Leckerlies vor und beim Sattel anbieten. Manchmal lenkt das ab, und das Pferd lernt, das Satteln doch gar nicht so schlimm ist.**

Was Pferde sehen

Im Stall, auf der Weide, auf dem Reitplatz und besonders auch im Springparcours prangt es bunt in allen Farben. Objekte aller Größen und Formen umgeben unser Pferd. Wir kaufen unseren Pferden bunte Decken oder farblich gut abgestimmtes Sattelzubehör und streichen Zäune und Ställe in unterschiedlichsten Farben. Doch was sehen Pferde überhaupt. Nehmen sie unsere Mühen überhaupt zur Kenntnis und erleben sie ihr Umfeld genauso scharf, bunt klein, groß und dreidimensional wie wir?

Farben sehen

Die am häufigsten gestellte Frage zur Sehfähigkeit ist wohl ob Pferde Farben sehen können. Die Antwort lautet: ja! Allerdings mit Einschränkungen. Pferde sehen nicht das ganze Farbspektrum der Menschen. Wir besitzen Sinneszellen (Zapfen) zur Erkennung drei verschiedener Farbspektren und mischen die restlichen Farben aus diesen Grundfarben. Somit sind wir und einige Primaten Trichromaten. Pferde haben jedoch, wie die meisten Säugetiere, nur zwei unterschiedliche Zapfen für die Farbwahrnehmung, einen im Bereich niedriger Wellenlängen (rund um 428nm Wellenlänge) und einen anderen für mittel bis lange Wellenlängen (Wahrnehmungsspitze bei etwa 539nm Wellenlänge). Deshalb

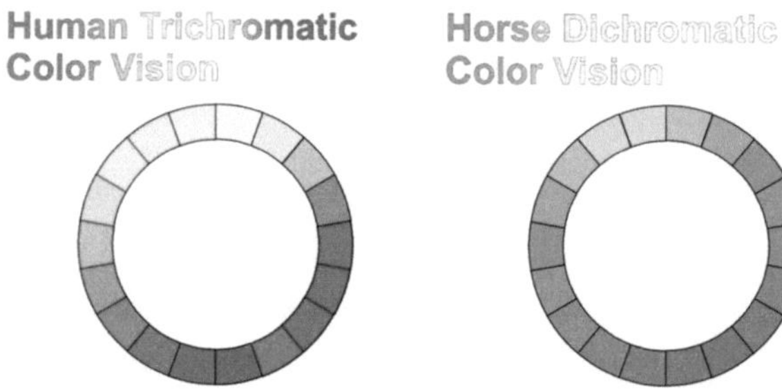

Das Farbspektrum des Pferdes.
Menschen und Primaten mischen ihre bunte Farbenwelt aus der Wahrnehmung dreier Farben (Trichromatismus). Pferde sehen jedoch nur zwei Farben (Dichromatismus). Joseph Carroll und seine Koren (2001) haben anhand des rechten Farbringes versucht darzustellen, wie Pferde die Farben ihrer Welt sehen.

werden Pferde als Dichromaten bezeichnen, was schlichtweg bedeutet, dass sie nur zwei Farbspektren sehen. Diese Spektralbereiche entsprechen in etwa den Farben Gelb und Blau.

Bereits Bernhard Grzimek begann 1952, die Farbwahrnehmung der Pferde zu untersuchen. Viele haben sich ihm angeschlossen, wie zum Beispiel die Britin Caroll Hall, die Kanadier Bryan Timney und Todd Macuda und eine Studiengruppe rund um den Amerikaner Joseph Carroll. Für die Untersuchung der Farberkennung wurden Pferde mit Farbplatten und in der Helligkeit angepassten Grautonplatten konfrontiert. Und mit wenigen Abweichungen erhärtete sich der Verdacht, dass Pferde tatsächlich Gelb und Blau besonders gut auseinanderhalten können. Die Verwendung von blauen und gelben Stangen, Matten oder Kegel im Training ist also kein Zufall. Pferde können diese wirklich besonders gut voneinander unterscheiden.

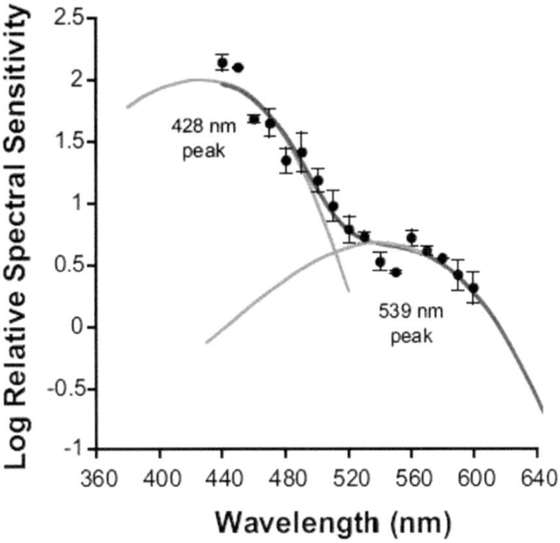

Spektralverlauf beim Pferd Bild oben)
Spektralverlauf beim Menschen (Bild unten)

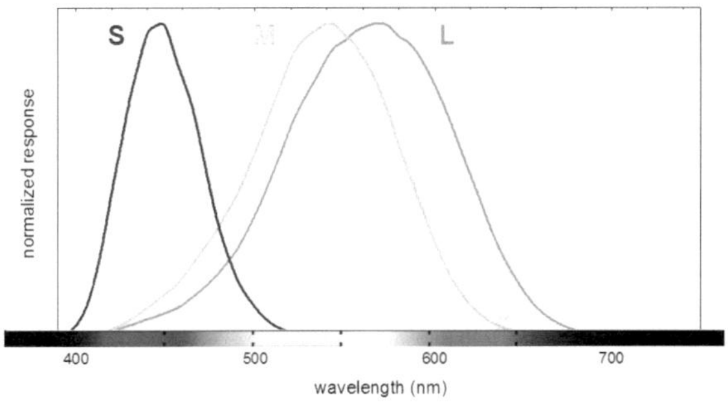

Hell-Dunkelkontraste

Bei der Farbunterscheidung spielen allerdings auch noch einige andere Faktoren mit hinein. Ein sehr wichtiger Faktor ist der Helligkeitsunterschied der Farben. Die visuellen Sinneszellen der Tiere und Menschen weisen nämlich nicht nur Zapfen sondern auch Stäbchen auf, welche für die Wahrnehmung der Helligkeit verantwortlich sind. In der Tat sind Pferde in der Unterscheidung von Hell-Dunkelkontrasten besonders geschickt, und reagieren auf Helligkeitskontraste besonders empfindsam. Jeder Pferdekenner und Reiter hat bestimmt schon erlebt, dass Pferde vor Lichtflecken oder grellen Farbmarkierungen am Boden scheuen.

Für Menschen schon schwer zu erkennen, für Pferde noch schwerer

Gedeckte Farben für uns, für Pferde teilweise leuchtend und das Blau schwer vom Hintergrund zu unterscheiden

Im Springsport sowie in den Geschicklichkeitssportarten hat die Farb- und Helligkeitssicht der Pferde wohl die größte Tragweite. Vielen ist schon aufgefallen, dass Pferde besonders bunte Hindernisse meiden. Hierbei werden oft gelb-blaue oder weiß-blaue Hindernisse als besonders unbeliebt bezeichnet. Aber auch schwarz-weiße Hindernisse haben es in sich, denn sie weisen den stärksten Kontrast auf.

Pferde sind Gewohnheitstiere

Und nun die gute Nachricht? Nun, Pferde gewöhnen sich an Vieles, auch an grelle Farben. Wenn Sie mit der Stangenarbeit bei jungen Pferden beginnen, setzt ganz automatisch die erste Gewöhnung ein. Ich kann nur dazu raten, Jungpferde nicht mit naturfarbenen Stangen zu trainieren. Erstens bleibt die gewünschte Gewöhnung für den Turniersport aus, und zweitens können Pferde die naturfarbenen Stangen manchmal nur schlecht vom fast gleichfarbigen Untergrund unterscheiden und sich verletzen, wenn sie darauf treten.

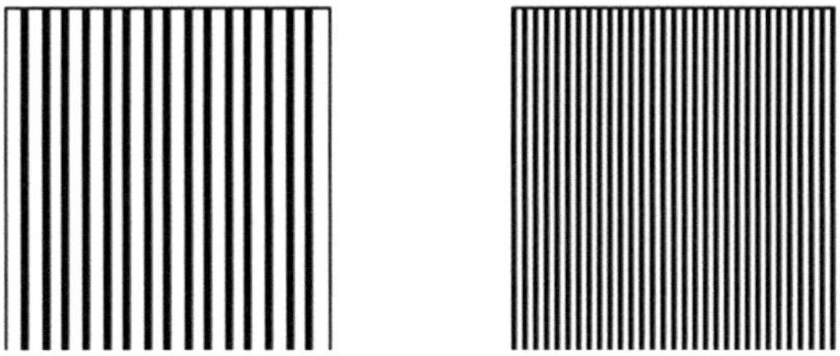

Versuch mit Strichrastern
Die Sehschärfe der Pferde lässt sich gut mit Rastern verschiedener Strichdichte untersuchen. Schon viel früher als der Mensch kann das Pferd keine Striche, sondern nur noch eine graue Fläche erkennen
(nach Timney und Keil 1992).

Nachteulen

Wie schon aus den anatomischen Gegebenheiten des Pferdeauges seit Langem gefolgert wird, sind Pferde Nachteulen. Sie sehen in der Dämmerung und im Dunkeln hervorragend. Eine ganz aktuelle Veröffentlichung der zwei amerikanischen Forscherinnen Evelyn Hanggi und Jerry Ingersoll bestätigt nun diese Annahme. So waren zum Beispiel alle Pferde dieser Untersuchung in der Lage sowohl bei Dämmerung als auch bei Dunkelheit sämtliche geometrische Abbildungen zu identifizieren. Außerdem wichen sie bei Sichtverhältnissen, in denen der Mensch annähernd nichts mehr sieht, geschickt Hindernissen auf ihrem Weg aus.

Objekte am Boden sind besonders interessant

Wichtig für die Farberkennung ist jedoch außerdem die Platzierung der Objekte. Pferde haben nahezu eine Rundumsicht. Weil ihre Augen mehr seitlich am Kopf liegen, können sie bis auf einen kleinen toten Winkel direkt vor ihrer Stirn und einem minimalen Korridor direkt hinter ihrer Hinterhand hervorragend rundum sehen. Und auch diese zwei kleinen toten Bereiche können sie mit Kopf und Halsbewegungen leicht ausgleichen. Jedoch die Verteilung der Sinneszellen im Auge ist den natürlichen Bedürfnissen der Pferde angepasst. Raubtiere lauern meistens am Boden und machen sich durch Bewegungen bemerkbar. Pferdeaugen nehmen schnelle Bewegungen am besten im Augenwinkel wahr, da hier die Dichte der Sinneszellen besonders hoch ist. Außerdem ist der besonders lichtempfindliche Bereich, welcher für die Farbunterscheidung benötigt wird, nach unten gerichtete. Im unteren Bereich des Auges liegt das Tapetuum Lucidum. Es reflektiert und verstärkt das einfallende Licht. Zudem wird von oben einfallendes Licht von den oft massiven Traubenkörnen am oberen Rand der Iris der Pferde abgehalten. Es ist also gar nicht so erstaunlich, dass die Britin Caroll Hall in ihren Versuchen besonders gute Farbunterscheidungsfähikeiten der Pferde bei Objekten am Boden nachweisen konnte. Schon wenn die Farbmatten auf etwa 1m Höhe angebracht waren, nahmen die Unterscheidungsgenauigkeit der Pferde ab. Bunte Farbtafel in mehreren Metern Höhe oder bunte Banner, welche sich nicht gerade bewegen, nehmen Pferde oft gar nicht zur Kenntnis. Auch Flugzeuge und Hubschrauber in der Luft ängstigen Pferde meist überhaupt nicht, aber wehe, wenn sie auf dem Boden stehen.

Sehschärfe

Auf einem Bereich sind uns die Pferde jedoch eindeutig unterlegen, und das ist die Sehschärfe. In einem Test zur Reaktion der Pferde auf schmaler werdende Schraffierungen waren Pferde schon bei viel gröberer Schraffierung, als dies bei den Menschen der Fall ist, nicht mehr in der Lage diese zu unterscheiden. Für die Praxis bedeutet dies, dass Pferde zum Beispiel dünne Drähte auf der Koppel nicht eindeutig erkennen können. In Bezug auf dünne Elektrozaundrähte merken sich Pferde wahrscheinlich eher den Bereich, in welchem sie einen elektrischen Schlag erhalten haben, und meiden diesen in Zukunft. Dünne Drähte stellen auf der Weide immer ein potenzielles Verletzungsrisiko dar, weil sie schlecht gesehen werden und zudem zu schlimmen Schnittverletzungen führen, wenn sich Pferde in ihnen verwickeln. Ganz eindeutig ist auf jeden Fall vom Springen über Drahtzäune abzuraten. Hier riskiert der Reiter nicht nur seine Gesundheit, sondern auch die seines Pferdes.

Dreidimensionales Sehen

Können Pferde denn auch dreidimensional sehen? Auch diese Frage kann bejaht werden. Brian Timney und Kathy Keil wiesen nach, dass Pferde stereo sowie dreidimensional sehen können. Das visuelle Feld der Pferde überlappt sich im frontalen Bereich und lässt so Stereosicht und somit dreidimensionales Sehen zu. In einem ersten Versuch zeigten Timney und Keil, das Pferde abgesetzte, gepunktete Klötze von gleich gepunkteten, flachen Bildern eindeutig besser mit zwei Augen als mit einem Auge erkennen konnten.

Vorsicht optische Täuschung!

Der nächste Versuch zum dreidimensionalen Sehen war schon etwas Trick reicher. Die Forscher nutzten die Tatsache, dass auch das Gehirn der Pferde ihnen manchmal falsche Wahrnehmungen vorgaukelt. Denn Pferde fallen beim Eisenbahnschienen-Phänomen auf die gleiche optische Täuschung herein wie wir Menschen. Normaler weise können wir zwei gleichlange Striche ganz gut als solche erkennen. Sind jedoch über die zwei gleichlangen Striche zwei nach oben enger zulaufende Striche gemalt, erweckt das den Eindruck die Striche würden auf einer Eisenbahnschiene liegen, welche von uns weg verläuft. Der obere, eigentlich gleich lange Strich, wird dadurch als länger (bzw. breiter) wahrgenommen. Der gleichen Sinnestäuschung fallen Pferde auch anheim, welches nur bedeuten kann, dass sie die Eindrücke mit Erfahrungen des dreidimensionalen Sehens verwechseln. Sie können also prinzipiell dreidimensional sehen.

Verarbeitung im Gehirn

Als abschließende Bemerkung möchte ich noch kurz auf die Verschaltung der Sehbereiche im Gehirn eingehen. Im letzten Kapitel werde ich ausführlich beschreiben, dass Pferde Objekte ganz anders erleben, wenn sie diese mit dem jeweils anderen Auge sehen. Lange Zeit wurde dies mit einer mangelhaften Verknüpfung der Sehbereiche im Gehirn begründet. Demnach könnten Pferde die Information, welche sie mit dem einen Auge erhalten nicht auf den Gehirnbereich des anderen Auges übertragen. Die Amerikanerin Evelyn Hanggi hat vor ein paar Jahren dies jedoch bereits als Fehlschluss aufgeklärt. Sie trainierte Pferde auf die Unterscheidung eines Objektes mit einem verbundenen Auge, verband dann das andere Auge und stellte fest, dass die erlernten Objektunterscheidungen auch mit dem „ungeübten“ Auge eindeutig möglich waren.

Neuere Untersuchungen weisen auf einen emotionalen Hintergrund hin, wenn

Pferde auf unterschiedlichen Seiten anders auf gesehenen Objekten und Menschen reagieren. Hier nur soviel, dass der Informationstransport von einer Gehirnseite auf die Andere zwar problemlos möglich ist, jedoch Informationen in der linken und rechten Gehirnhälfte unterschiedlich verarbeitet werden. Es ist für das Pferd wichtig, Objekte mir beiden Augen gesehen zu haben, um diese rational und emotional richtig einordnen zu können. Gönnen Sie Ihrem Pferd deshalb die Zeit sich etwas Neues noch einmal gründlich von der anderen Seite anzuschauen.

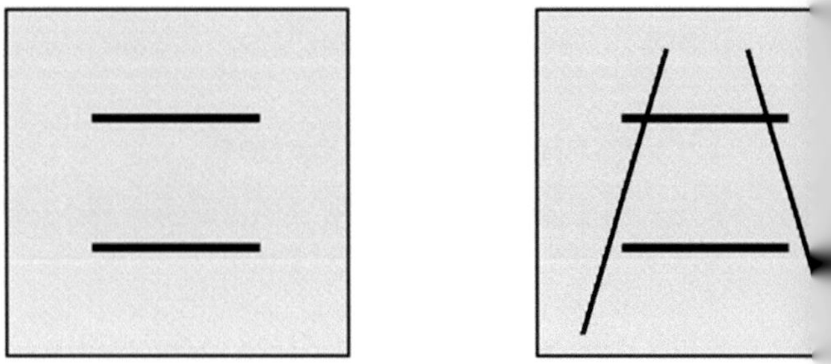

Das Eisenbahnschienen Phänomen
In beiden Abbildungen sind die horizontalen Strich
genau gleich lang. Werden über die horizontalen Stric
jedoch zwei nach oben zulaufende Striche gelegt, so gla
man der obere horizontale Strich sei länger
(nach Timney und Keil 1996).

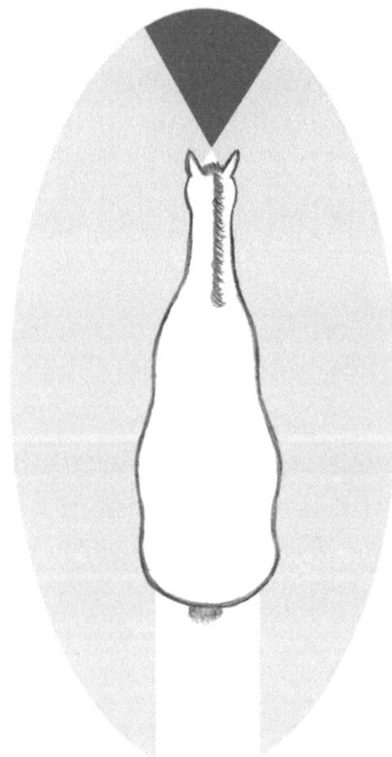

Die Rundumsicht des Pferdes
Da die Augen des Pferdes seitliche am Kopf liegen, sieht das Pferd fast rundum, in den hellblauen Bereichen mit jeweils einem Auge (monocular) und im dunkelblauen Bereich mit beiden Augen (binocular) und somit dreidimensional. Kleine tote Winkel befinden sich direkt vor der Stirn des Pferdes und hinter seiner Hinterhand.

Praktische Tipps

- Wenn Pferde etwas besonders gut sehen sollen, benutzen Sie die Farben Blau und Gelb, oder starke Helligkeitskontraste.
- Gewöhnen Sie Ihr Pferd an starke Farbkontraste sowohl auf dem Reitplatz im Gelände und auf der Weide. Das reduziert ganz schnell ihre Schreckhaftigkeit.
- Lernverhalten ist beim Pferd immer an die Umgebung gebunden! Wundern Sie sich also nicht, wenn Ihr erfahrenes Turnierspringpferd im Gelände vor einer wunderschönen blauen Blume, oder einem grellen Straßenschild Reißaus nimmt. Wir besaßen auch einmal ein Pferd, welches im Parcours die buntesten Sprünge überwand, aber bei Geländeprüfungen nicht dazu zu bewegen war sich auch nur in die Nähe von Sprüngen mit bunten Blumenkübeln zu begeben. In der Natur überwiegen im Normalfall die gedämpften Farben und auf das ungeübte Pferd mag hier ein bunter Blumenkübel oder ein Straßenschild wie eine außerirdische Erscheinung wirken. Ergo müssen wir leider in den sauren Apfel beißen und unsere Pferde auch im Gelände systematisch an bunte Farben gewöhnen.
- Sollten Sie mal in der Dämmerung oder im Dunkeln unterwegs sein, überlassen Sie ihrem Pferd das Kommando. Es sieht im Dunkeln wesentlich besser als Sie und bringt Sie sicher Heim.
- Platzieren Sie die Objekte am Boden, dort können Pferd Sie besonders gut erkennen.
- Seien Sie nicht erstaunt, wenn ein hohes Objekt erst dann „gefährlich“ wird, wenn es sich plötzlich bewegt. Lassen Sie Ihr Pferd hinschauen, denn auch daran kann es sich gut gewöhnen.
- Zäunen Sie Ihr Pferd nicht mit dünnem Draht ein. Pferde können dünnen Draht nicht gut sehen. Verwenden Sie zerreißbare Stromlitzen und unterstützen Sie die optische Erkennung des Zaunes zum Beispiel mit Holz oder einem Breitband.
- Geben Sie Ihrem Pferd die Möglichkeit neue Objekte mit beiden Augen von allen Seiten anzuschauen. Das braucht es, um die Eindrücke im Gehirn verarbeiten zu können.

Weiterführende Literatur:

Carroll J, Murphy CJ, Neitz M, Hoeve JN, Neitz J (2001) Photopigment basis for dichromatic color vision in the horse. J Vis 1, 80–87. doi: 10.1167/1.2.2

Hall CA, Cassaday HJ, Derrington AM (2003) The effect of stimulus height on visual discrimination in horses. J Anim Sci 81, 1715–1720

Hall CA, Cassaday HJ, Vincent CJ, Derrington AM (2006) Cone excitation ratios correlate with color discrimination performance in the horse (Equus caballus). J Comp Psychol 120, 438–448. doi: 10.1037/0735-7036.120.4.438

Hanggi EB (1999) Interocular transfer of learning In horses (Equus caballus). J Equine Vet Sci 19, 518–524. doi: 10.1016/S0737-0806(99)80232-9

Hanggi EB, Ingersoll JF (2009) Stimulus discrimination by horses under scotopic conditions. Behav Proc 82, 45–50. doi: 10.1016/j.beproc.2009.04.009

Timney B, Keil K (1992) Visual acuity in the horse. Vis Res 32, 2289–2293. doi: 10.1016/0042-6989(92)90092-W

Timney B, Keil K (1999) Local and global stereopsis in the horse. Vision Res 39, 1861–1867. doi: 10.1016/S0042-6989(98)00276-4

Timney B, Macuda T (2001) Vision and hearing in horses. J Am Vet Med Assoc 218, 1567–1574

Sensorische Einseitigkeit

„Was ist nun das schon wieder?", werden Sie sich fragen. „Wieder eine neue Spinnerei aus der Wissenschaft?"

Nun, eigentlich nicht! Einseitigkeit bei Pferden kennt jeder von Ihnen. Denken Sie zum Beispiel an junge Pferde, welche sich nicht auf der rechten Hand longieren, von der rechten Seite aus anfassen und geschweige denn satteln lassen wollen. Sie kennen sicher auch Pferde, welche von einer Seite an einem Objekt vorbeigehen, aber nicht von der Anderen, oder Pferde, welche Sprünge besser von einer bestimmten Seite aus meistern. Vielleicht haben Sie sich auch schon einmal gefragt, warum auf Turnieren immer links herum voltigiert und Pferde von links geführt und auf sie aufgestiegen wird?

Gibt es rein körperlich, motorisch bedingte Ursachen?

Nun, das Führen und Aufsteigen an der linken Seite des Pferdes wird gewöhnlich mit althergebrachten Gewohnheiten aus der Kavallerie erklärt, und zwar wegen der Handhabung des Schwertes. Soldaten verschnallten ihr Schwert immer an ihrer linken Seite, um es mit der rechten Hand ziehen zu können. Somit mussten Soldaten an der linken Seite des Pferdes aufsteigen, weil das Schwert beim Aufsteigen auf der rechten Seite recht hinderlich gewesen wäre.

Ein anderer Ansatz nahm die Einseitigkeit der Pferde, bei den unterschiedlichen Reaktionen auf Objekte wenn sie sich von mehreren Seiten annähern, unter die Lupe. In wissenschaftlichen Kreisen wurde es hinlänglich damit erklärt, dass Pferden wohl keine Verbindung zwischen den beiden Gehirn Hemisphären hätten und somit die Informationen nicht von einer Gehirnseite auf die andere übertragen können. Nachdem Evelyn Hanggi (1999) jedoch nachgewiesen hat, dass Pferde hierzu durchaus in der Lage sind, ist diese Erklärung wohl vom Tisch.
Bleibt noch die Erklärung der motorischen Einseitigkeit. Besonders die Ungleichheit beim Longiern und Reiten soll hiermit zu tun haben. Warum sollten Pferde nicht auch genau wie Menschen Links- und Rechtshänder sein? Zur Entstehung dieser motorischen Einseitigkeit gab es etliche Erklärungsansätze. Die am meisten favorisierte Erklärung macht die Lage des Fohlens im Mutterleib für die spätere Einseitigkeit verantwortlich.

Motorische Einseitigkeit

Motorische Einseitigkeit bei Pferden wurde tatsächlich schon ausführlich in der Wissenschaft unter die Lupe genommen. Bereits Grzimek beobachtete 1949, mit welchem Bein voran Pferde bevorzugt über ein Hindernis treten. Andere Wissenschaftler untersuchten, welches Bein Pferde beim Grasen immer voranstellen (McGreevy und Rogers 2005). Interessanterweise zeigte sich hier ein Bild, welches gar nicht zu unserer Fragestellung passt. Es gibt beim Pferd rechts, links und beidseitig begabte Pferde, das stimmt! Jedoch fanden alle Wissenschaftler übereinstimmend etwa 45% Linkshänder 45% Rechtshänder und etwa 10% beidhändige Pferde, also eine viel gleichmäßigere Verteilung wie beim Menschen.

Motorische Einseitigkeit im Training

Und tatsächlich fallen im Training auch immer wieder Ungleichheiten auf, welche hauptsächlich in der motorischen Einseitigkeit der Pferde begründet sind. Dies betrifft in der Hauptsache die Ausführung von bestimmten Bewegungsabläufen. Zum Beispiel machen sich Pferde auf einer Seite hohl und auf der anderen sind sie eher steif. Ein untrainiertes Pferd vermag nicht genauso ausdauernd und geschmeidig auf beiden Händen zu galoppieren. Das Erlernen von Lektionen fällt den Pferden auf einer Seite ungleich schwerer. Und auch weit ausgebildete Pferde zeigen oft noch Unterschiede in der Ausführung von Lektionen. Diese motorischen Einseitigkeiten beruhen tatsächlich darauf, dass Pferde genau wie wir Menschen unterschiedlich viel Kraft und Geschicklichkeit in den jeweiligen Körperseiten haben. Zum Beispiel neigen viele Dressurpferde in der Traversale

Hengste der italienischen Kleinpferde Rasse "Cavalli di Esperia" steigen sich mit linker Schulter an linker Schulter an. Wenn es nach dem Volksmund geht, so bevorzugen Pferde auch bei Erstkontakten zu Artgenossen das linke Auge. Allerdings steht der wissenschaftliche Beweis hierzu noch aus.

dazu auf einer Seite die Hinterhand voran zu schieben auf der anderen jedoch nicht. Diese Ungleichheit hat mit der schlechteren Tragkraft des Hinterbeines auf dieser Seite zu tun. Das Pferd versucht ganz einfach, sein stärkeres Bein unter den Körperschwerpunkt zu bringen. Und genau auf den Ausgleich dieser Einhändigkeit sind Trainingslehren im Sport ausgerichtet. Natürlich wäre der ideale Athlet beidhändig. Nur, die wenigsten sind es. Deshalb sollte man mit gezieltem Training an den entsprechenden Bewegungsabläufen arbeiten.

Der „Linksdrall"

Was nun aber, wenn dies nicht die ganze Wahrheit ist? Warum kämpfen so viele Pferde Besitzer mit der starken Links-Bevorzugung der Pferde? Dabei handelt es sich hierbei keineswegs um neue Weisheiten. Bereits Reitmeister, Züchter und Reitlehre vergangener Zeiten wussten um den großen Vorzug der Pferde für die linke Seite. Auch heutige Trainer haben sich der Problematik angenommen. Besonders Natural Horsemanship Trainer beobachten das Phänomen der Link-Bevorzugung schon lange. Sie fanden nur wenige Pferde mit einer eindeutigen Rechts-Bevorzugung, welche meist als Problempferde galten. Zudem wurde ihnen klar, dass man Gleichseitigkeit nicht erzwingen kann und sich im Laufe eines guten Trainings die Einseitigkeit nach und nach abschwächt.

Die „Fragensteller"

Der Natural Horsemanship Trainer Richard Thompson gab den Anstoß zur Gründung des Harmonie Centers in der Nähe von Wien, in welchem Kate Farmer seit einigen Jahren versucht die Grundsätze Thompsons in ihr Training einfließen zu lassen. Und da Kate Farmer an der renommierten schottischen St. Andrews University unter Prof. Richard Byrne Psychologie studiert hat, drückte sie die Neugier und sie nahm das Thema mit einer wissenschaftlichen Studie in Angriff.

Wissenschaftliche Ansätze

Schon in anderen Pilotstudien fiel auf, dass Pferde bevorzugt mit dem linken Auge auf neue Objekte zugehen. Womit wir nun zum Punkt „sensorische" Einseitigkeit kommen. Dieses Thema ist in der Forschung an Pferden brandaktuell. Französische (De Boyer Des Roches und andere 2008, Larose und andere 2004) und australische (Austin und Rogers 2007) Forscher stellten in den letzten Jahren wiederholt fest, dass Pferde bei der Erkundung neuer Objekte das linke Auge bevorzugen. Hierbei steigt der prozentuale Gebrauch des linken Auges, wenn die Emotionalität der Test Situation steigt. Im Klartext bevorzugten Pferde, welche mit einem Regenschirm erschreckt wurden, das linke Auge stärker als in einer neutralen Situation.

Sensorische Einseitigkeit im Umgang mit dem Mensch?

Interessanterweise hat zuvor noch niemand wissenschaftlich untersucht, welches Auge denn nun bevorzugt wird, wenn sich Pferde auf Menschen annähern. Welch Überraschung! In den Studien von Kate Farmer und unserem Institut kristallisierte sich heraus, dass sich Pferde bevorzugt mit dem linken Auge auf den Menschen annähern. „Ist ja klar", werden Sie denken. Denn schließlich werden alle Pferde in westlichen Ländern von links aus angesprochen und geführt. Jedoch verwendete Kate Farmer für die Studien Pferde, welche zuvor einseitig und solche welche beidseitig trainiert worden waren. Außerdem tauschte sie gut bekannte gegen fremde Test Personen aus. Keine dieser Änderungen hatten einen wesentlichen Einfluss auf die Testergebnisse. Es blieb dabei, die Pferde bevorzugten das linke Auge.

Stute und Jährling beim Erkunden einer unbekannten Futterbox mit der linken Nüster und dem linken Auge.

Besonders beeindruckt ist in diesem Zusammenhang die starke Einseitigkeit der amerikanischen Mustangs. Tatsächlich lassen sich die meisten „frisch" eingefangenen Mustangs gar nicht auf der rechten Seite anfassen. Die amerikanische Mustang-Adoptionsbehörde trainiert schon seit Jahren mit den Mustangs so lange, bis sie sich von beiden Seiten aufhalftern und anfassen lassen. Erst dann werden sie zur Adoption freigegeben.

Das Gehirn, die Steuerzentrale

Wie erklärt sich der Vorzug für das linke Auge nun aber? Der Schlüssel könnte in der stärkeren Bevorzugung desselben für die Beobachtung von Menschen im Vergleich zu der auf neutrale Objekte liegen. Momentan denkt man, dass diese „sensorische Einseitigkeit“ etwas mit der Verarbeitung einkommender Informationen in den jeweiligen Gehirnhälften zu tun hat. Visuelle Eindrücke gelangen vom Auge über die gekreuzten Nervenbahnen des Chiasma Optikum zum Gehirn. Dort werden sie von der Amygdala registriert und zum Teil zum Stammhirn, Hypothalamus oder zu anderen Bereichen der Temporallappen der Großhirnhälften weitergeschaltet. Interessanterweise ist die Amygdala an der Verarbeitung von Emotionen maßgeblich beteiligt. Jedoch bei den Großhirnhälften gibt es hier die wohl entscheidenden Unterschiede. So werden, stark vereinfacht, rationale Entscheidungen weitgehend in der linken Gehirnhälfte getroffen, und emotionale Eindrücke in der rechten Gehirnhälfte verarbeitet. Bedenkt man nun die Überkreuzung der Sehbahnen, so werden visuelle Informationen vom linken Auge bevorzugt in der emotionalen rechten Gehirn-Hälfte verarbeitet.

Emotionalität in der Betrachtung des Menschen?

Und nun kommen wir zum entscheidenden Punkt. Anscheinend hat die Beobachtung des Menschen für das Pferd emotionalen Charakter. Wir denken, dass es gleichgültig ist, ob diese positiven oder negativen Charakter haben, denn sonst hätten wir einen starken Unterschied zwischen gut bekanntem Pflegepersonal und fremden Personen feststellen müssen. Dies stimmt auch mit Untersuchungen von De Boyer Des Roches und Kollegen (2008) überein, welche sowohl für positive als auch negative Objekte eine stärkere Bevorzugung des linken Auges als für neutrale Objekte gefunden haben. Anscheinend versucht das Pferd ganz bewusst, unbedingt Menschen im Sichtbereich des linken Auges zu behalten.

Was bringt uns diese Einsicht für die Praxis?

Im Wesentlichen sollten Menschen, welche mit Pferden Umgang haben sich der sensorischen Einseitigkeit der Pferde sowohl in Bezug auf Objekte als auch auf Menschen bewusst werden und sie achten. Wenn sich Pferde weigern auf der rechten Hand longiert, oder von der rechten Seite aus angefasst oder gesattelt zu werden, wenn sie von einer Seite an einem Objekt nicht vorbeigehen, so ist das kein Ungehorsam und auch keine Bösartigkeit des Pferdes. Es kann ganz einfach nicht anders! Und es hilft auch nichts, wenn Sie versuchen Ihr Pferd dazu zu zwingen. Im Gegenteil, dies würde das Pferd nur darin bestätigen, das diese „unangenehme“ Situation unbedingt im linken Auge behalten werden muss. Die Situation spitz sich also nur zu.

Training

Araber Pony La Belle inspiziert einen B[...] mit dem linken Auge.

Machen Sie es lieber so, wie es mir Martin Plewa schon vor Jahren auf einem Vielseitigkeitstraining geraten hat. Trainieren Sie auf der „Schokoladenseite " und fordern Sie die gefragte Leistung immer wieder nur für kurze Sequenzen auf der „schwierigen Seite". Einerseits verhindert man so eine etwaige motorische Überlastung und anderseits gibt man dem Pferd die Möglichkeit mit der Situation vertraut zu werden. Sprich die Ungewissheit und Emotionalität der Situation verringert sich und somit das Bedürfnis des Pferdes die Situation im linken Auge zu behalten. Sie können Ihr junges Pferd, zum Beispiel, auf der guten Seite (meist links) longieren, bis es entspannt, locker und losgelassen vorwärtsgeht, dann wechseln Sie auf die schwierige Seite, und wenn Sie den Eindruck haben, dass es sich zunehmend verspannt oder ängstlicher wird, gehen Sie wieder auf die gute Seite zurück. Sie werden sehen, mit der Zeit wird die Leistung, welche Sie auf der schwierigen Seite abfragen können, immer besser.

Dieser Stute war ständig bemüht, ihr neugeborenes Fohlen an ihrer linken Seite zu halten. Aber auch hierfür gibt es noch keinen wissenschaftlichen Nachweis.

Unsere alten Meister wussten schon,

warum zum Beispiel Pferde in der Kavallerie immer von links gehandhabt wurden. Es kommt dem Pferd einfach entgegen. In einer großen Einheit ließen sich so auch unerfahrene Pferde am geschicktesten integrieren. Auch die Voltigierer profitieren vom Longieren auf der linken Hand. Es wird den meisten Voltigierpferden einfach wesentlich angenehmer sein, wenn die Voltigierer von links auf sie zulaufen, und sie können den Kommando gebenden Longenführer im linken Auge behalten. Lassen Sie sich nicht einreden, Sie müssten Ihr Pferd jederzeit auf der „schlechteren" Hand longieren und reiten können. Sie tragen damit zu Ihrer und Ihres Pferdes Sicherheit und Wohlbefinden bei.

Stute der frei lebenden "Cavalli di Esperia" inspiziert ihre Nachgeburt mit der linken Nüster und dem linken Auge. Der ehemalige Dreschkreis im Vorgebirge der italienischen Abruzzen hat sich als idealer Abfohlplatz bewährt.

Wie kann ich unterscheiden, ob es sich um motorische oder sensorische Einseitigkeit handelt?

Hier eine kleine Anleitung, wie Sie bei Ihrem Pferd überprüfen können, ob es sich um motorische oder sensorische Einseitigkeit handelt. Schauen Sie sich Ihr Pferd genau an und überlegen Sie sich:

- **Ist die Einseitigkeit Ihres Pferdes stark ausgeprägt, wenn es sich aufregt?**
- **Lässt sich Ihr Pferd, wenn es sich aufregt, plötzlich nicht mehr auf der rechten Hand (nur bei wenigen Pferden links) longieren oder anfassen.**
- **Habe Sie auf Turnier, in einer fremden Umgebung, oder z. B. beim Verladen stärker damit zu kämpfen.**
- **Ist diese Einseitigkeit plötzlich wieder weg, wenn sich Ihr Pferd entspannt, wenn es zum Beispiel ruhig dasteht und abschnaubt, oder unter dem Reiter endlich wieder locker und losgelassen herauskaut?**
- **Betrifft die Einseitigkeit alle Bewegungsabläufe oder nur ganz bestimmte?**

Können sie alle oben aufgeführten Punkte bejahen, so handelt es sich tatsächlich primär um sensorische Einseitigkeit. Ist dies nicht so, wird es sich eher um motorische Einseitigkeit oder eine Überlastung handeln.

Was kann ich tun?

Nun die gute Nachricht: Auch an sensorischer Einseitigkeit können Sie mit Ihrem Pferd arbeiten. Prinzipiell ist das Training gar nicht so unterschiedlich von dem an motorischer Einseitigkeit. Einige Punkte sollten Sie beherzigen.

Wichtig sind:

- **Geben Sie Ihrem Pferd die Möglichkeit der Gewöhnung an Sie, an neue Menschen, neue Objekte, neue Lebensräume oder neue Trainingsmethoden.**
- **Bauen Sie Ihr Training in kleinen Schritten auf.**
- **Versuchen Sie Ihr Pferd so beidhändig wie möglich zu pflegen, zu reiten und mit ihm umzugehen, z.B. auf beiden Seiten zu führen, satteln, reiten etc.**
- **Wenn Sie merken Ihr Pferd regt sich auf oder es wird ihm einfach zu viel, kehren Sie auf die „Schokoladen“ Seite zurück.**
- **Fordern Sie die Arbeit immer wieder auf der „schwierigen“ Seite, aber erzwingen Sie es nicht.**
- **Versuchen Sie zwischen den Arbeitsphasen immer wieder Ruhe einkehren zu lassen. Stellen Sie sich z. B. einfach mit Ihrem Pferd in die Mitte der Reitbahn und schauen zu, oder lassen Sie es immer wieder unter dem Reiter herauskauen.**

Wissenschaftliche Literatur für den interessierten Leser:

Austin NP, Rogers LJ (2007) Asymmetry of flight and escape turning responses in horses. Laterality 12, 464–474.
doi: 10.1080/13576500701495307

De Boyer Des Roches A, Richard-Yris M-A, Henry S, Ezzaouia M, Hausberger M (2008) Laterality and emotions: visual laterality in the domestic horse (Equus caballus) differs with objects' emotional value.
Physiol Behav 94, 487–490. doi: 10.1016/j.physbeh.2008.03.002

Farmer K, Krueger K, Byrne R (2010) Visual laterality in the domestic horse (Equus caballus) interacting with humans. Anim Cogn 13, 229–238.
doi: 10.1007/s10071-009-0260-x

Grzimek B. (1949) Rechts- und Linkshändigkeit bei Pferden, Papageien und Affen. Z Tierpsychol 6, 406–432. doi: 10.1111/j.1439-0310.1949.tb01486.x

Hanggi EB (1999) Interocular transfer of learning In horses (Equus caballus). J Equine Vet Sci 19, 518–524. doi: 10.1016/S0737-0806(99)80232-9

Larose C, Richard-Yris M-A, Hausberger M, Rogers LJ (2006) Laterality of horses associated with emotionality in novel situations. Laterality 11, 355–367. doi: 10.1080/13576500600624221

McGreevy PD, Rogers LJ (2005) Motor and sensory laterality in thoroughbred horses. Appl Anim Behav Sci 92, 337–352.
doi: 10.1016/j.applanim.2004.11.012

Murphy J, Sutherland A, Arkins S (2005) Idiosyncratic motor laterality in the horse. Appl Anim Behav Sci 91, 297–310.
doi: 10.1016/j.applanim.2004.11.001

Eine Datenbank für die weitere Literatursuche.:

http://www.equine-research.de

Die meiste Literatur ist in englischer Sprache verfasst, teilweise sind die gesamten Artikel frei zugänglich.

Uni-Homepage von Konstanze Krüger:

http://konstanze-krueger.de

Was bedeuten die DOI-Nummern bei der „Weiterführenden Literatur“?

Digital Object Identifier kann man ungefähr mit „Bezeichner für digitale Objekte“ übersetzen und ist ein eindeutiger und dauerhafter Identifikator für digitale Objekte.

Im unteren Bereich der Internetseite http://doi.org kann man die DOI Nummer eingeben und wird direkt zur entsprechenden Verlagsseite, mit den gesuchten Texten geleitet.

Bildnachweis:
S 8 Armin Stenzinger
S.9 (Zebra, Okavango, Botswana, 2002. Wikimedia Commons - Paul Maritz (paulmaz)) GNU Lizenz
S 10 Wikimedia Commons Benutzer: Sballal GNU Lizenz
S 64/65(oben) Carroll, J., Murphy, C. J., Neitz, M., Hoeve, J. N., & Neitz, J. (2001). Photopigment basis for dichromatic color vision in the horse. J Vis, 1(2), 80–87. toggle visibility doi: 10.1167/1.2.2
S 65 (unten) verändert nach David N. Blauch, Davidson College
S 66 oben Tom Krüger
S 66 unten Kersti Nebelsiek GNU License
sonstige Bilder Knut Krüger
sonstige Grafiken Konstanze Krüger

Dressurtraining: Hintergründe und Tipps

Jeder Reiter, ob Turnierreiter oder Breitensportler möchte ein rittiges, gelöstes und leistungsbereites Pferd, wenn er sich in den Sattel setzt. Dies hängt in erster Linie vom Verständnis des Reiters für Training und Trainingsmethoden ab und kann effektiv durch Kenntnisse von der Physiologie und der Psyche des Pferdes unterstützt werden.

Dieses Buch soll helfen Pferde schonend und ausgeglichen, aber möglichst effizient zum erwünschten Trainingsziel zu begleiten.

ISBN: 9783980813419